21世纪高等学校数字媒体艺术专业规划教材

基于MotionBuilder 的动作捕捉三维动画制作教程

微课版

陈 明 / 编著

U0340784

清华大学出版社

北京

内 容 简 介

本书首先介绍动作捕捉的相关概念与基础知识，以及使用动作捕捉技术制作三维动画的流程，同时也对 MotionBuilder 软件的基本操作进行讲解；然后按照动画制作的流程，逐步说明如何基于 MotionBuilder 软件和相关的动作捕捉设备来制作三维动画，以及制作过程中的各种方法与技巧。

书中运用了典型的案例，全面、系统地介绍了动画角色的处理、演员动作的拍摄、动作捕捉数据与角色的结合、各种后期处理的方法与技巧，以及材质渲染等，旨在帮助读者理解并掌握使用 MotionBuilder 这一主要工具，创作出生动、逼真的动作捕捉动画。

全书共分为 14 章，其中第 1～5 章主要介绍动作捕捉以及 MotionBuilder 软件的基础知识，第 6～14 章则按照动作捕捉制作动画的流程依次介绍相关的方法与技巧。

本书适合作为高等院校数字媒体、动画、影视等专业本科生、研究生的教材。此外，本书也将引领动画爱好者进入动画制作的台前幕后，了解并掌握动画制作的相关知识与技能。

图书在版编目(CIP)数据

基于 MotionBuilder 的动作捕捉三维动画制作教程：微课版/陈明编著.—北京：清华大学出版社，2019
(2021.12重印)
(21 世纪高等学校数字媒体艺术专业规划教材)
ISBN 978-7-302-50751-2

Ⅰ.①基…　Ⅱ.①陈…　Ⅲ.①三维动画软件－高等职业教育－教材　Ⅳ.①TP391.414

中国版本图书馆 CIP 数据核字(2018)第 178156 号

责任编辑：刘　星　张爱华
封面设计：刘　键
责任校对：胡伟民
责任印制：宋　林

出版发行：清华大学出版社
　　　网　　址：http://www.tup.com.cn，http://www.wqbook.com
　　　地　　址：北京清华大学学研大厦 A 座　　　　　　邮　编：100084
　　　社 总 机：010-62770175　　　　　　　　　　　　邮　购：010-83470235
　　　投稿与读者服务：010-62776969，c-service@tup.tsinghua.edu.cn
　　　质量反馈：010-62772015，zhiliang@tup.tsinghua.edu.cn
　　　课件下载：http://www.tup.com.cn，010-83470236
印 装 者：三河市铭诚印务有限公司
经　　销：全国新华书店
开　　本：185mm×260mm　　　　印　张：16.75　　　　字　数：420 千字
版　　次：2019 年 7 月第 1 版　　　印　次：2021 年 12 月第 3 次印刷
印　　数：2001～2500
定　　价：89.00 元

产品编号：077996-01

一、为什么要写本书

动作捕捉技术已经在影视动画、游戏等领域得到广泛的应用,而利用动作捕捉技术来制作三维动画也因设备门槛的降低,变得越来越普及。它可以有效地填补传统动画制作方法中的一些不足,实用性日益增强。

在使用动作捕捉技术制作动画的流程中,目前最主要的工具就是 MotionBuilder 软件。但是市场上关于 MotionBuilder 软件的教材却凤毛麟角,除极少数外文版教材外,很难找到有价值的资源,而国内开设有相关课程的院校却不在少数。本书的推出,将打破动作捕捉相关课程无教材可用的僵局。

动作捕捉设备的价格一般比较昂贵,不少院校也因此没有购置动作捕捉设备,进而无法开设相关课程。本书的侧重点在如何制作动画,绝大多数流程是使用 MotionBuilder 软件而非动作捕捉设备,并且 MotionBuilder 软件是通用软件,而动作捕捉设备则会出现不同厂商、不同品牌的产品使用流程各不相同。因此,即便没有动作捕捉设备,也可结合配套中的相关资源来进行学习。从而大大降低开设动作捕捉相关课程的门槛。

二、内容特色

使用动作捕捉技术来制作动画,需要一系列软件的协同处理,本书以动画制作的流程为线索,对动作捕捉技术、MotionBuilder 软件以及动作捕捉设备操作等进行了全面、详细的阐述。读者通过书中的案例可快速上手,通过学习可以获得熟练的动画技能与高超的使用技巧。

与同类书籍相比,本书有如下特色。

1. 逻辑严密,条理清晰

作为读者,最担心的就是一本书逻辑混乱,从而导致阅读困难。本书内容涉及 MotionBuilder 软件、动作捕捉技术和动画制作等,三者看似孤立,实则统一。本书的目的是教会读者如何制作动画,而动作捕捉技术和 MotionBuilder 软件则是制作动画的方法和手段,这是本书一再强调的概念。有了清晰的概念,相信即便不能让读者事半功倍,但至少不至于事倍功半。

2. 案例丰富,内容翔实

本书的重点是制作动画,因此所有的内容最终都落实到制作上来。如何制作,仅有方法没有案例是无法掌握的。因此本书运用了大量丰富的案例,并辅以相关的电子资源,让读者真正做到即学即用,从而体会到学习的乐趣。通过案例了解操作方法,可以做到举一反三。

3. 资源丰富,注重交互

- 提供教学课件,请到清华大学出版社本书页面下载。
- 提供案例工程文件和相关素材,请扫描此处二维码下载。
- 配套微课视频,扫描书中二维码即可观看相应的视频内容。书中共有 60 个微课视频,共计 160 分钟。

配套资源下载

三、结构安排

本书主要介绍基于 MotionBuilder 的动作捕捉动画制作的相关知识,共 14 章,内容包括动作捕捉技术的概念与分类、动作捕捉系统制作动画的流程、MotionBuilder 简介与基本使用方法、MotionBuilder 动画基础、角色处理、演员动作的拍摄、动作捕捉数据和角色的结合、各种后期处理的方法与技巧,以及材质渲染等。本书所有案例资源都可从清华大学出版社网站(www.tup.com.cn)下载。

四、读者对象

- 对 MotionBuilder、动作捕捉以及三维角色动画感兴趣的读者;
- 数字媒体、动画、影视等相关专业的本科生、研究生;
- 动画制作从业人员。

五、致谢

感谢清华大学出版社对本书出版的支持。

感谢三峡大学计算机与信息学院对本书的支持。

感谢数字媒体教学团队,特别是王俊英老师对本书的支持。

感谢我的家人,本书的出版离不开家人给予我的支持,特别是我的妻子和孩子。

由于编者的水平和经验有限,加之时间比较仓促,疏漏之处在所难免,敬请读者批评指正,可发送邮件到 workemail6@163.com。

编　者

2019 年 2 月

[目录 --Contents]

Contents

第 1 章

Chapter 01

[概　述]

1.1　什么是动作捕捉

在三维动画制作的关键步骤中,运动技术一直是三维动画制作中的一个难点,尤其是角色的动作调节问题,角色的动作设计和调节是运动技术中的核心问题。尽管在各类动漫作品中,都能看到气势恢宏的场景,但一部好的作品更加看重的是动画角色的运动,这就好比一部优秀的影视作品,演员的精彩表演始终是第一位的,即使是再华丽的场景、再优美的音乐,如果缺少真实而自然的表演,这样的电影肯定不会受到欢迎。在三维动画的制作过程中,角色的运动设计和调节实际上就相当于演员的表演。对于一部动画长片而言,如果全部依靠动画师手动调节运动参数,即使是非常有经验的动画师,对他而言也是一个非常巨大的任务。因此,角色的动作设计和调节就成为制约三维动画发展的瓶颈之一。

动作捕捉(Motion Capture)正是在解决以上问题的过程中发展起来的,它借助计算机技术,采用测量、跟踪计算等方法把演员身上、脸上关键点的动作捕捉下来,然后融合到已经建好的计算机三维模型之中,从而让计算机三维模型做出和演员类似的动作。动作捕捉是记录物体或人物运动的过程,它录制人类演员的动作,并利用这些信息为 2D 或 3D 计算机动画中的数字人物模型制作动画,但是从本质上讲其捕捉的实质就是要测量、记录物体在三维空间中的运动轨迹。当它包含面部和手指或者捕捉细微表情时,通常被称为性能捕捉(Performance Capture)。在很多领域,动作捕捉有时被称为运动跟踪,但在电影制作和游戏中,运动跟踪通常更多的是指匹配运动。

在动作捕捉过程中,一个或多个动作者的动作每秒被多次采样。尽管早期的技术使用来自多个摄像机的图像来计算 3D 位置,但动作捕捉的目的往往是仅记录演员的动作,而不是他或她的视觉外观。采集的动画数据被映射到事先制作好的 3D 模型上,让 3D 模型执行与演员相同的动作。在采集的过程中摄像机的运动也可以被追踪,这样动画场景中的虚拟摄像机就可以被场景中的摄像机驱动,从而产生相同视角的动画画面。

与 3D 模型的传统计算机动画相比,动作捕捉提供了几个优势:可以获得接近实时的低延迟动画,可以大幅降低基于关键帧的动画的成本。而工作量不会像使用传统技术那样因动作的复杂性或长度而变化。传统的关键帧动画在制作复杂的动作以及模拟物理交互上,远远没有使用动作捕捉获取的动作真实。

1.2　动作捕捉技术的发展历史

1915 年弗雷斯格尔发明了 Rotoscope(逐帧转描)技术,将实际拍摄的影像作为绘制动作的样底,逐帧进行绘制动作,由此出现了动作捕捉技术的雏形。1937 年,迪士尼公司将这项技术运用到《白雪公主》的制作上,这一技术后来也被用于《指环王动画版》《美女与野兽》《电子世界争霸战》等影片中。这种技术的缺陷是逐帧绘制工作量巨大,而且只能得到二维信息。逐帧转描技术如图 1.1 所示。

1985 年,Sun-1 工作站用 17h 计算出通过 4 个摄像机所跟踪的 8 个点的三维运动轨迹,整个动作实际时长为 3s,实现了电影史上的一个创举。1990 年,历史上第一部使用动作捕

图 1.1　逐帧转描技术

捉技术的电影《全面回忆》亮相,片中使用该技术的镜头仅有几秒,即施瓦辛格饰演的男主角经过 X 射线时的镜头(由行业佼佼者 Motion Analysis 公司提供技术支持),如图 1.2 所示。当时的动作捕捉设备还是有线的。

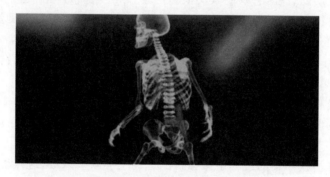

图 1.2　电影《全面回忆》中的动作捕捉镜头

1997 年上映的好莱坞著名影片《泰坦尼克号》也使用了动作捕捉技术建立 CG 人物动作库,并由此生成了一大群形态各异的 CG 人物,观众看到的沉船场景中的大多数乘客都是 CG 制作的,这比找上千名群众演员要省时省力得多,如图 1.3 所示。

图 1.3　电影《泰坦尼克号》中的镜头

2001年上映的《最终幻想：灵魂深处》在角色的真实感上下了大功夫，角色形象接近写实的照片，动作和真人一样自然，实现了全程使用动作捕捉，而且还首次实现了多人同时动作捕捉（如图1.4所示），成为动作捕捉史上的经典作品。

图1.4　《最终幻想：灵魂深处》中的多人动作捕捉

在同年上映的影史佳作《指环王》中，经典的动作捕捉角色——咕噜诞生了，如图1.5所示。《指环王》成为动作捕捉技术发展的分水岭。时至今日，动作捕捉技术飞速发展，但是回头看10多年前的咕噜，仍不得不佩服特效公司维塔工作室当年的实力，以及安迪·瑟金斯的卓越演技。

图1.5　电影《指环王》中的咕噜

起初，这位英国籍舞台演员只是作为咕噜的配音，然而导演彼得·杰克逊发现了他的表演潜力，决定让他尝试掌握动作捕捉技术，完成咕噜的表演。我们不得不佩服杰克逊的眼力，这一次尝试，不但成就了具有划时代意义的咕噜，也为瑟金斯成为"动作捕捉第一人"奠定了基础。当年的动作捕捉技术只能处理头、四肢这些大的身体部位，对于咕噜的面部表情，动画师不得不对照着演员的表演去手工制作。

2005 年,《指环王》原班人马制作了电影《金刚》,此时面部表情的捕捉已经实现,这才让人们看到大猩猩那细腻而丰富的表情,如图 1.6 所示。

2004 年上映的电影《极地特快》是由《阿甘正传》的导演罗伯特·泽米吉斯导演的,电影中实现了身体动作和面部表情同时捕捉,大大地推动了动作捕捉技术的发展,如图 1.7 所示。

图 1.6　电影《金刚》中的动作捕捉　　　　图 1.7　电影《极地特快》中汤姆·汉克斯进行身体和表情同时捕捉

一直以来动作捕捉都要在专门的摄影棚中进行,需要大量的设备、电缆、计算机等,而且对光线干扰特别敏感,在《指环王》时期,演员去片场演完之后,还得回到动作捕捉棚再表演一次。

2006 年上映的《加勒比海盗 2》首次将动作捕捉运用到了户外。为了实现户外捕捉,专门开发了一套与众不同的动作捕捉系统,这套系统名叫 iMoCap,专门用于在户外复杂拍摄环境下进行动作捕捉。该系统在片场只需几台普通的高清摄影机就可以完成动作捕捉,并且不受现场光线的干扰,还能通过灰色的捕捉服装获得光照参考,如图 1.8 所示。不过 iMoCap 的问题在于无法同时实现表情的捕捉。

2008 年上映的电影《本杰明·巴顿奇事》讲述了一个人返老还童的故事,导演大卫·芬奇坚持认为不能由多名演员扮演不同时期的本杰明·巴顿,这样看上去会很不连续,因此他决定借助 CG 特效技术。《本杰明·巴顿奇事》选择了一套截然不同的制作流程。首先要用一个 Mova Contour 的捕捉系统扫描演员布拉德·皮特的头部,在扫描的同时让他做各种各样的表情,这样一来,不但获得了布拉德·皮特头部的高精度模型,还建立起了一套布拉德·皮特专属的微表情库,从这一库中提取不同的微表情,就可以组成任意的面部表情。这种数据采集是不需要在脸上贴标记点的,只需涂一些荧光粉,如图 1.9 所示。因此面部的数据精度从上百个点增长到了数十万个点,大幅度提升了面部细节的准确度。

图 1.8 电影《加勒比海盗 2》中的户外动作捕捉

图 1.9 为演员面部涂荧光粉

在实际拍摄时,本杰明·巴顿是由不同身材的替身演员扮演的,这些替身演员的头上戴着用于跟踪位置的头套。他们表演完后,布拉德·皮特对照着他们的表演来重新配一次本杰明·巴顿的表情,看上去有点像配音,只不过是由 4 台高清摄像机拍摄布拉德·皮特的面部变化。皮特配的表情通过与之前建立的微表情库进行匹配,从而由相应的微表情来驱动本杰明·巴顿的头部模型。最后,把本杰明·巴顿头部合成到实拍画面中,如图 1.10 所示。

《本杰明·巴顿奇事》可以说是一个特例,这样的制作流程需要做大量的前期准备,且通用性差、成本高,因此并没有大规模流行起来。不过,这种无标记点的面部扫描技术在此后还是被广泛用于角色建模。

图 1.10　替身演员戴着用于跟踪位置的头套

2009 年,电影《阿凡达》上映,它在电影技术史上占据了不可替代的地位,也是动作捕捉技术走向成熟的标志。《阿凡达》对于动作捕捉技术最大的贡献在于,借助头戴式摄像头以及改进的软件算法,完美解决了演员面部表情高精度采集的问题,如图 1.11 所示。

图 1.11　电影《阿凡达》中的表情捕捉

2011 年上映的电影《猩球崛起》实现了更成熟的户外捕捉。以往在室内进行动作捕捉时,室内架设的摄像机周围有红外线发射装置,它们发出的红外线经捕捉服上的标记点反射到摄像机的镜头里,而摄像机里装有滤片,可以过滤掉红外线以外的其他光,因此摄像机里就得到标记点的位置了。但是在室外拍摄时,阳光以及道具反射的也是红外线,因此会影响摄影机里数据采集的准确性。为了摆脱道具反光的干扰,维塔工作室将标记点更换为主动发射红外线的 LED 灯,并且这些灯各自有不同的闪烁频率,让摄影机与这些频率同步,就可以屏蔽环境中不同于这些 LED 灯频率的干扰光,使得数据的采集得到保障。而表情捕捉系统则沿用了《阿凡达》中所使用的技术,如图 1.12 所示。

除了电影制作领域,从 20 世纪 80 年代开始,美国 Biomechanics 实验室、Simon Fraser 大学、麻省理工学院等也开展了计算机人体动作捕捉的研究。此后,动作捕捉技术吸引了越来越多的研究人员和开发商的目光,并从试用性研究逐步走向了实用化。1988 年,SGI 公司开发了可捕捉人的头部运动和表情的系统。随着计算机软硬件技术的飞速发展和动画制作

图 1.12　电影《猩球崛起》中的动作捕捉

要求的提高,目前在发达国家,动作捕捉已经进入了实用化阶段,有多家厂商相继推出了多种商品化的动作捕捉设备,如 MotionAnalysis、Polhemus、Sega Interactive、MAC、X-Ist、FILMBOX 等,其应用领域也远远超出了表演动画,并成功地用于虚拟现实、游戏、人体工程学研究、模拟训练、生物力学研究等许多方面。

1.3　动作捕捉技术的分类

从应用角度来看,根据捕捉的身体部位不同,动作捕捉技术可以细分为:人体动作捕捉,捕捉大尺度的人体运动,含头、躯干、四肢等;手部动作捕捉,捕捉手指手掌运动;面部动作捕捉,捕捉人脸肌肉运动。从实时性来看,可分为实时捕捉系统和非实时捕捉系统两种。

到目前为止,常用的动作捕捉技术从原理上说可分为机械式、声学式、电磁式、光学式和惯性式。同时,不依赖于专用传感器,而直接识别人体特征的动作捕捉技术也将很快走向实用。不同原理的设备各有其优缺点,一般可从以下几个方面进行评价:定位精度、实时性、使用方便程度、可捕捉运动范围大小、成本、抗干扰性、多目标捕捉能力。

1.3.1　机械式

机械式动作捕捉依靠机械装置来跟踪和测量运动轨迹。典型的系统由多个关节和刚性连杆组成,在可转动的关节中装有角度传感器,可以测得关节转动角度的变化情况。装置运动时,根据角度传感器所测得的角度变化和连杆的长度,可以得出杆件末端点在空间中的位置和运动轨迹。实际上,装置上任何一点的运动轨迹都可以求出,刚性连杆也可以换成长度可变的伸缩杆,用位移传感器测量其长度的变化,如图 1.13 所示。

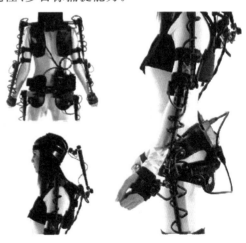

图 1.13　机械式动作捕捉系统

早期的一种机械式动作捕捉装置是用带角度传感器的关节和连杆构成一个"可调姿态的数字模型",其形状可以模拟人体,也可以模拟其他动物或物体。使用者可根据剧情的需要调整模型的姿态,然后锁定。角度传感器测量并记录关节的转动角度,依据这些角度和模型的机械尺寸,可计算出模型的姿态,并将这些姿态数据传给动画软件,使其中的角色模型也做出同样的姿态。这是一种较早出现的动作捕捉装置,但直到现在仍有一定的市场。国外给这种装置取了个很形象的名字:"猴子"。机械式动作捕捉的一种应用形式是将欲捕捉的运动物体与机械结构相连,物体运动带动机械装置,从而被传感器实时记录下来。X-Ist的 FullBodyTracker 是一种颇具代表性的机械式动作捕捉产品。这种方法的优点是成本低,精度也较高,可以做到实时测量,还可容许多个角色同时表演。但其缺点也非常明显,主要是使用起来非常不方便,机械结构对表演者的动作阻碍和限制很大。而"猴子"较难用于连续动作的实时捕捉,需要操作者不断根据剧情要求调整"猴子"的姿势,因此主要用于静态造型捕捉和关键帧的确定。

1.3.2　声学式

常用的声学式动作捕捉装置由发送器、接收器和处理单元组成。发送器是一个固定的超声波发生器,接收器一般由呈三角形排列的三个超声探头组成。通过测量声波从发送器到接收器的时间或者相位差,系统可以计算并确定接收器的位置和方向。Logitech、SAC 等公司都生产超声波动作捕捉设备。

这类装置成本较低,但对运动的捕捉有较大延迟和滞后,实时性较差,精度一般不是很高,声源和接收器间不能有大的物体遮挡,受噪声和多次反射等干扰较大。由于空气中声波的速度与气压、湿度、温度有关,所以还必须在算法中做出相应的补偿。

1.3.3　电磁式

电磁式动作捕捉装置是目前比较常用的动作捕捉设备,一般由发射源、接收传感器和数据处理单元组成。发射源在空间产生按一定时空规律分布的电磁场;接收传感器(通常有 $10 \sim 20$ 个)安置在表演者身体的关键位置,随着表演者的动作在电磁场中运动,通过电缆或无线方式与数据处理单元相连。

表演者在电磁场内表演时,接收传感器将接收到的信号通过电缆传送给处理单元,根据这些信号可以解算出每个传感器的空间位置和方向。Polhemus 公司和 Ascension 公司均以生产电磁式动作捕捉设备而著称。目前这类系统的采样频率一般为每秒 $15 \sim 120$ 次(依赖于模型和传感器的数量),为了消除抖动和干扰,采样频率一般在 $15\,Hz$ 以下。对于一些高速运动,如拳击、篮球比赛等,该采样频率还不能满足要求。电磁式动作捕捉的优点首先在于它记录的是六维信息,即不仅能得到空间位置,还能得到方向信息,这一点对某些特殊的应用场合很有价值。其次是速度快、实时性好,表演者表演时,动画系统中的角色模型可以同时反应,便于排演、调整和修改。装置的定标比较简单,技术较成熟,鲁棒性好,成本相对低廉。

它的缺点在于对环境要求严格,在表演场地附近不能有金属物品,否则会造成电磁场畸变,影响精度。系统的允许表演范围比光学式要小,特别是电缆对表演者的活动限制比较大,对于比较剧烈的运动和表演则不适用。

1.3.4 光学式

光学式动作捕捉通过对目标上特定光点的监视和跟踪来完成动作捕捉的任务。目前常见的光学式动作捕捉大多基于计算机视觉原理。从理论上说,对于空间中的一个点,只要它能同时为两部相机所见,则根据同一时刻两部相机所拍摄的图像和相机参数,可以确定这一时刻该点在空间中的位置。当相机以足够高的速率连续拍摄时,从图像序列中就可以得到该点的运动轨迹。

光学式动作捕捉的优点是表演者活动范围大,无电缆、机械装置的限制,演员可以自由表演,其使用很方便,采样速率较高,可以满足多数高速运动测量的需求。其缺点是系统价格昂贵,虽然它可以捕捉实时运动,但后期处理(包括 Marker 的识别、跟踪、空间坐标的计算)时间长,系统对于表演场地的光照、反射情况敏感。此外装置标定也较为烦琐。特别是当运动复杂时,不同部位的 Marker 点很容易发生混淆、遮挡,产生错误的结果,经常需要人工干预后期的处理过程。

市面上的光学式动作捕捉产品主要分为主动式和被动式 Marker,其主要性能也各具特点。主动式 Marker 由系统提供 Marker 发光的电源和控制 Marker 的发光频率,以及发射的红外光源。被动式 Marker 则需要系统提供红外光源,以其表面的发光材料反射红外光源。被动式 Marker 直接采用荧光材料制成的反光 Marker 点。无论是被动的还是主动的 Marker 光源,由系统的传感器或者摄像机采集,数据交与系统记录和实时跟踪定位。如果在表演者的脸部表情关键点贴上 Marker,则可以实现表情捕捉。目前大部分表情捕捉都采用光学式。

有些光学式动作捕捉系统不依靠 Marker 作为识别标志,而应用图像识别、分析技术,由视觉系统直接识别表演者的身体关键部位并测量其运动轨迹的技术,例如微软公司的 Kinect,Kinect 设备如图 1.14 所示。

Leap 公司开发的基于 Windows 和 Mac 平台的 Leap Motion,可以实现对于手部的动作捕捉,Leap Motion 如图 1.15 所示。

图 1.14　Kinect 设备　　　　　　　　　　图 1.15　Leap Motion

苹果公司在 2017 年 9 月发布的 iPhone X 可以通过前置的结构光发射器、结构光接收器、距离传感器、环境光传感器、前置摄像头等,实现面部识别以及面部表情的实时捕捉,如图 1.16 所示。

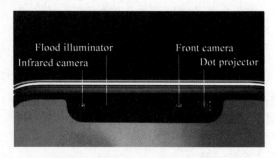

图 1.16　iPhone X 前置传感器

光学式动作捕捉的优点是表演者活动范围大,无电缆、机械装置的限制,表演者可以自由地表演,使用很方便;其采样速率较高,可以满足多数高速运动测量的需要;Marker 的价格便宜,便于扩充。这种方法的缺点是系统价格昂贵,虽然它可以捕捉实时运动,但后期处理的工作量较大。

1.3.5　惯性式

惯性式动作捕捉技术基于微型惯性传感器、生物力学模型和传感器融合算法。惯性传感器的运动数据(惯性制导系统)通常以无线方式来传输捕捉数据。大多数惯性系统使用包含陀螺仪、磁力计和加速度计组合的惯性测量单元(IMU)来测量旋转速率。这些旋转被转化成软件中的骨骼动作。就像光学标记一样,IMU 传感器越多,得到的角色动作就越自然。和光学式相比,惯性式动作捕捉不需要外部照相机、发射器或标记点。惯性式动作捕捉系统实时捕捉人体的全部六个自由度的身体运动,尽管这些信息相对于光学式来说分辨率要低得多,并且容易受到电磁噪声的影响。使用惯性式系统的优点有:不受环境限制,如各种户外环境,包括狭小的空间,以及光学式系统无法实现的环境等;具有良好的便携性,可以随身携带。而其缺点也比较明显,包括较低的位置精度和容易出现位置漂移等。不过随着技术的发展,惯性式系统将会变得更为灵敏,并具有更高的分辨率。

1.4　动作捕捉技术的应用

动作捕捉最主要的应用领域是三维角色动画的制作,通过动作捕捉来制作动画,可以大大提高制作的效率,并有效地降低制作成本。相对于手调动画,动作捕捉制作的动画更加逼真和流畅。动作捕捉技术不仅是表演动画中的关键环节,在其他领域也有着非常广泛的应用前景。目前最常见的人机交互手段包括键盘鼠标、触摸屏以及语音等,除了语音之外,其他都必须与交互设备接触,而动作捕捉系统为交互带来了新的可能,用身体、手势甚至表情来控制设备,解放了人们的双手,带来全新的人机交互方式和交互体验。动作捕捉技术的主要应用如下。

1. 动画制作

这是动作捕捉技术目前最主要的应用领域。在电影以及电视节目中,使用动作捕捉技术可以以较低的成本来制作非常逼真的动画,这也是动作捕捉技术与传统动画制作技术相比的最大优势。此外在游戏领域,动作捕捉技术同样有着广泛的应用,为三维场景中的角色创造各种各样逼真的动作,从而提升游戏中的体验。

2．机器人遥控

机器人将危险环境的信息传送给控制者,控制者根据信息做出各种动作,动作捕捉系统将动作捕捉下来,实时传送给机器人并控制其完成同样的动作。与传统的遥控方式相比,这种系统可以实现更为直观、细致、复杂、灵活而快速的动作控制,大大提高机器人应付复杂情况的能力。在当前机器人全自主控制尚未成熟的情况下,这一技术有着特别重要的意义。

3．互动式游戏

可利用动作捕捉技术捕捉游戏者的各种动作,用以驱动游戏环境中角色的动作,为游戏者提供一种全新的参与感受,加强游戏的真实感和互动性。前文提到的 Kinect 就是微软公司的游戏主机 XBOX 的组件,可以实现体感交互,如图 1.17 所示。

KINECT

图 1.17　Kinect 体感游戏

4．运动分析

人体动作捕捉在运动分析方面的应用也非常广泛,如对整形外科病人的诊断和对运动员动作的优化。另外在舞蹈编排中可以捕捉舞蹈演员的动作,便于进行量化分析。

体育训练动作捕捉技术可以捕捉运动员的动作,便于进行量化分析,结合人体生理学、物理学原理,研究改进的方法,使体育训练摆脱纯粹的依靠经验的状态,进入理论化、数字化的时代。还可以把成绩差的运动员的动作捕捉下来,将其与优秀运动员的动作进行对比分析,从而帮助其训练。

另外,在人体工程学研究、模拟训练、生物力学研究等领域,动作捕捉技术同样大有可为。

可以预计,随着技术本身的发展和相关应用领域技术水平的提高,动作捕捉技术将会得到越来越广泛的应用。

思考与练习

1. 什么是动作捕捉?
2. 简述动作捕捉技术的发展历史。
3. 动作捕捉有哪些不同的类型?
4. 动作捕捉的主要应用领域有哪些?

第 2 章

Chapter 02

[使用动作捕捉技术
制作动画的流程]

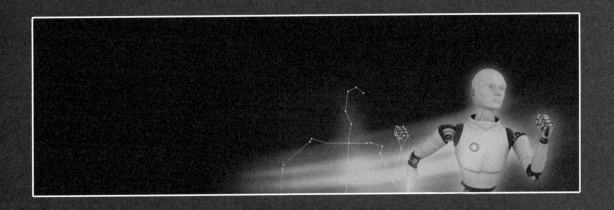

　　无论使用什么方法来制作动画,实质都是角色在场景中按照预先的设计来完成动作。所以动画的制作都需要从创意开始,根据创意来创建脚本、场景和角色,然后一步步制作出动画。使用动作捕捉系统制作三维动画,只是对其中的部分环节进行辅助,并不能改变整个动画制作的流程,仅从技术上改变了传统的角色动画手动添加关键帧的模式,而角色动画只是整个动画的一个环节。千万不要认为,有了动作捕捉系统,就可以不需要其他的步骤,直接得到动画。

　　由于篇幅的原因,在这里介绍的主要是用到动作捕捉系统,以及与动作捕捉系统联系比较紧密的一些其他环节,而不是制作动画的完整流程,请读者一定要注意。

　　要使用动作捕捉系统制作动画,首先需要准备好三维场景以及绑定好的三维角色,然后根据需要利用动作捕捉系统进行动作的拍摄,最后进行动作的合成与渲染,制作的流程以及各步骤所在的环境如图 2.1 所示。

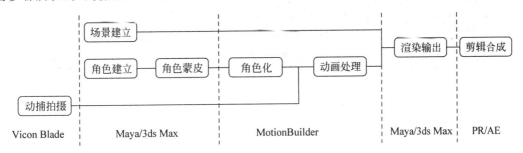

图 2.1　动作捕捉制作动画的流程与环境

2.1　动画角色和场景的建立

　　三维动画和电影类似,故事发生的场景和演员的表演是两个最基本的要素。不同的是电影一般需要搭建实体的场景和利用真人演出,而三维动画中的场景则是虚拟的,需要通过三维建模软件,如 3ds Max 或者 Maya 等来搭建模型。而角色本身也是通过三维建模软件来制作,但是演员的表演则有两种途径来实现:一种是利用关键帧动画;另一种就是利用动作捕捉系统,将真人的表演录制下来,然后把它赋予到虚拟的动画角色上。因此要制作动画,首先就需要搭建虚拟场景,创建虚拟角色。

　　动作捕捉数据最终需要以具体的模型作为载体将动作的空间表现展示出来,准确、恰当的模型对于动作捕捉数据的绑定有着显著的影响,因而角色模型的建立本身也是十分重要的过程。人体建模的第一步是从简单的几何形体开始,逐渐增加线条和节点使得模型逐渐接近预期的形象。由于模型将匹配动作,因此服装的建模对于动作呈现的效果会有很大影响。如果不能恰当地处理服装与人体、骨骼的关系,将会影响到之后的贴图,使得运动中贴图出现开裂或起翘等错误。为了让动作更加准确,角色的服装在处理时不宜太松,应尽量显得贴合身体,以便在匹配动作中避免衣纹处理的问题。

　　本书主要利用 Maya 软件来建立角色和场景,Maya 软件界面如图 2.2 所示。此外也可以利用其他软件来建立模型和场景,如 3ds Max 等。

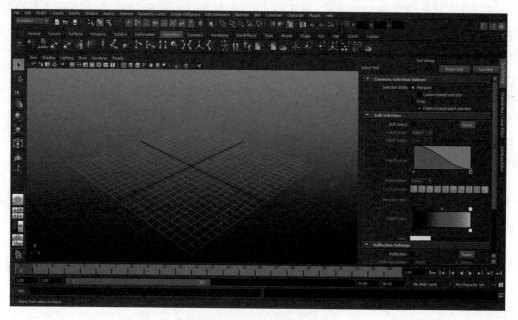

图 2.2　Maya 软件界面

2.2　角 色 蒙 皮

在三维建模软件中制作好的角色,是不能直接制作动画的。为了形象地表现角色的动作,需要为角色建立骨骼模型,并通过角色的骨骼模型来带动角色的表面皮肤。因此在角色的骨骼模型和角色皮肤之间需要建立关联,让角色的皮肤能够跟随骨骼的运动一起运动。这种关联的处理非常关键,因为它会直接影响到动画的最终效果。建立角色的骨骼与皮肤之间的关联,称为角色蒙皮。在 Maya 中为角色建立蒙皮如图 2.3 所示。

在骨骼蒙皮动画中,单个角色由作为皮肤的单一网格模型和按照一定层次组织起来的骨骼组成。皮肤的每一个顶点都会受到一个或者多个骨骼的影响,通过改变相邻骨骼间的夹角和位移,组成角色的皮肤就可以体现出不同的外观,从而实现动画效果。皮肤则作为一个网格蒙在骨骼之上,规定角色的外观,是一个可以在骨骼影响下变化的可变形网格。组成皮肤的每一个顶点都会受到一个或者多个骨骼的影响。在多个骨骼影响的情况下,不同的骨骼按照与顶点的几何、物理关系确定对该顶点的影响权重,这一权重可以通过建模软件计算或者手工设置。通过计算影响该顶点的不同骨骼对它影响的加权和就可以得到该顶点在世界坐标系中的正确位置。动画文件中的关键帧一般保存着骨骼的位置、朝向等信息。通过在动画序列中相邻的两个关键帧间插值可以确定某一时刻各个骨骼的新位置和新朝向。然后按照皮肤网格各个顶点中保存的影响它的骨骼索引和相应的权重信息可以计算出该顶点的新位置,这样就实现了在骨骼驱动下的单一皮肤网格变形动画,即骨骼蒙皮动画。骨骼蒙皮动画的效果比关节动画和单一网格动画更逼真、更生动。而且,随着计算机技术的不断提高,骨骼蒙皮动画已经成为各类实时动画应用中使用最广泛的动画技术。

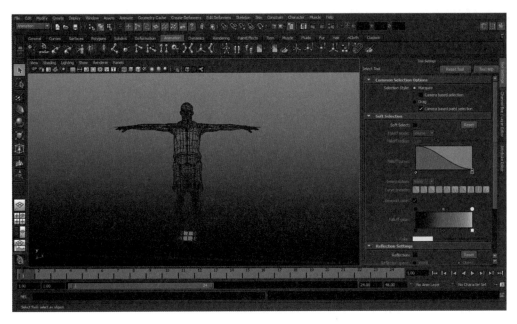

图 2.3　Maya 中的角色蒙皮

2.3　动作拍摄

　　动作拍摄指的是演员在表演场地进行表演，同时利用动作捕捉系统拍摄演员的动作。常见的光学动作捕捉系统一般采用了有 Marker 点的捕捉方式。演员穿上特制的莱卡服装，然后在身体的关键部位，如关节、髋部、肘、手腕等位置贴上能够反光的 Marker 点，通过多部动作捕捉系统的摄像机，从各个角度来拍摄，得到演员身上的每一个 Marker 点的运行轨迹。

　　动作捕捉系统中，反光材料在外部光源的照射下可以从不同角度反射出 RGB 值相同的光，利用几台摄像机（摄像机的多少主要根据模型的复杂程度而定）进行动作拍摄，在每一时刻，可以得到几幅从不同角度拍摄到的二维平面图，对于每一副图像，利用图像识别算法滤掉所有与节点无关的信息，得到节点的二维信息，将同一时刻所有的二维信息组合起来，并利用对摄像机参数的标定结果，得到其空间三维信息，运动序列即是表演者在三维空间中的运动轨迹。这样就采集到了演员的人体骨骼空间运动数据。

2.4　动画处理

　　在拍摄完成后，得到了每一部红外摄像机从不同角度拍摄的演员身上 Marker 点的运行轨迹，但是这些数据是二维的，接下来通过三维重建，把图像的二维坐标还原到三维坐标，然后用这些三维坐标的数据驱动创建的虚拟模型。在从二维图像信息计算三维空间结构的过程中，要利用视点的位置信息和视点的朝向信息，因此需要知道摄像机的各种参数，包括内部参数和外部参数，可以应用摄像机标定技术来得到这些参数，根据这些参数和标记点跟踪得出的二维坐标建立几何模型,从而实现三维重建。

得到各个点的三维运动数据之后,再通过软件来把它们转化成骨骼的动作,使用 Vicon Blade 软件可以在拍摄一小段演员的动作之后,导入一个通用的骨骼模板,然后通过计算机的计算,得到与角色尺寸匹配的一套骨骼数据。在后面拍摄动作时,只需要为该演员添加这个算好的骨骼模板,则每次拍摄的动作就直接转化为骨骼的运动了。

拍摄完成后,直接从 Vicon Blade 导出 FBX 文件,将该文件导入到 MotionBuilder 中,并添加制作好的动画角色,然后让二者建立关联,用拍摄得到的动作驱动制作的角色。

动作捕捉的动作尽管比动画师手调动作更易于实现,但这种技术仍会出现一些客观问题。最典型的是捕捉后的关键帧过于繁杂密集,这就需要三维动画师在软件中以手动的方式进行再次修正。这项工作主要包含减少冗长的关键帧、优化动作数据、修正动作细节三项。由于动作捕捉系统已为角色动作的生成创造了必备的关键帧,因此在原有关键帧的基础上,对角色动画进行再次编辑就方便多了。在实际的动画制作过程中,动作捕捉的数据经常不能提供整个运动的连续控制,而且动作捕捉是耗时且造价昂贵的一个过程,表演者一般也不可能做到像动画师想象的那样,因此可用的数据只能是一段一段的。所以还需要动画师将有用的动作捕捉数据根据所设计的情节进行匹配和合成。

2.5 渲 染 输 出

角色动画在 MotionBuilder 中处理完成后,可以直接渲染输出,也可以将场景导出到其他的三维软件中进行渲染。MotionBuilder 软件同样具有渲染的功能,如果只是单纯的动作,不需要复杂的场景,可以使用 MotionBuilder 进行渲染,但如果场景比较复杂,则推荐使用 Maya 等三维软件来进行最后的渲染。

导出好的动画,还需要进一步进行剪辑,并添加配音、音乐、字幕以及特效等,可以通过 PremierePro、AfterEffects 等剪辑软件进行最终的剪辑合成,并最终生成动画的成品。

思考与练习

1. 动作捕捉技术在动画制作之中的作用是什么?
2. 使用动作捕捉技术制作动画的流程包括哪些步骤?
3. 为什么要对捕捉的动作进行处理,主要包括哪些方面?

第 3 章

Chapter 03 [MotionBuilder简介]

前面提到过,使用动作捕捉系统制作三维动画,拍摄只是占了整个流程的一小部分,而大量的工作是在 MotionBuilder 软件中完成,因此,熟练掌握 MotionBuilder 软件的使用就成为制作动作捕捉动画的非常重要的环节。

3.1　MotionBuilder 基本介绍

MotionBuilder 的前身是 FILMBOX,如图 3.1 所示,由 Kaydara 公司开发。1994 年,为了完成一个动作控制项目,Kaydara 公司开发了 FILMBOX,早期的 FILMBOX 并不是一个真正完全的动作捕捉系统而只是一个插件,它可以让用户导入 Softimage 的动画曲线。2004年,Kaydara 公司被 Alias 并购,2006 年 Alias 又被 Autodesk 并购并将软件更名为 MotionBuilder,此后它逐步成为一个成熟的产品。MotionBuilder 的文件格式 FBX (FILMBOX 的缩写)成为动画文件交换的标准。

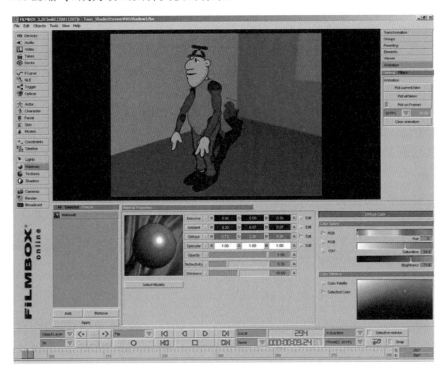

图 3.1　FILMBOX 软件界面

FILMBOX/MotionBuilder 的开发者 Benoit Sevigny 在 1999 年左右目睹了一些艺术家利用音轨来制作面部动画非常困难,于是想到使用一些简单的工具,利用声音来实时驱动面部动画。因此用户可在捕捉动作的同时录制声音,后期再利用声音来驱动表情。这一功能被开发出来成为 VoiceReality,一款利用声音实时驱动面部表情的软件,VoiceReality 也最终成为 MotionBuilder 软件的一个部分。

随着时间的推移,Sevigny 认为 FILMBOX/MotionBuilder 要成为一个实时的动画系统,并让其他数字设备与之相连,包括动作捕捉、手套、面部跟踪系统、MIDI、光源、输入设备和表面控制、网络、音频、视频、语音、时间码等。结果使得 FILMBOX/MotionBuilder 成为高效的动作捕捉工具,并被广泛应用于电视、游戏和电影等。著名影片《骇客帝国》中的 Neo 躲避子弹的镜头,就是使用 FILMBOX 来实现单反镜头画面的同步,如图 3.2 所示。

虽然 MotionBuilder 被认为主要应用于动作捕捉领域,但是 MotionBuilder 也是一个很好的关键帧动画工具,因为它可以让用户自由地利用层来将关键帧和动作捕捉动画融合到一起。

MotionBuilder 是业界最为重要的 3D 角色动画软件之一。它集成了众多优秀的工具,为制作高质量的动画作品提供了保证。此外,MotionBuilder 中还包括独特的实时架构、无损的动画层、非线性的故事板编辑环境和平滑的工作流程。

图 3.2 《骇客帝国》中的经典镜头

MotionBuilder 完美地支持平台不受限制的 FBX 高端三维制作与交换格式。它能让用户从各种各样的资源中快速而轻松地获取和交换三维资源与媒体。FBX 格式得到了业界领先的软硬件厂商的广泛支持,甚至已经成为三维模型的通用交换标准。

Autodesk MotionBuilder 2011 已经与 Autodesk HumanIK 中间件进行整合,使得 Autodesk MotionBuilder 所包含的姿势控制、角色控制和角色定义表也可以与 HumanIK 插件共同使用。目前 MotionBuilder 的主要应用领域就是动作捕捉及其数据处理与动作编辑等。

3.2 安装 MotionBuilder 软件

MotionBuilder 可以支持 Windows 和 Linux 双平台,作为一个实时三维动画软件,它对计算机的硬件有着较高的要求。

3.2.1 MotionBuilder 安装软硬件要求

根据 Autodesk 官方给出的信息,MotionBuilder 2018 支持 64 位操作系统,对系统软件的最低要求如表 3.1 和表 3.2 所示。

表 3.1 MotionBuilder 软件要求

	软件
操作系统	✓ Microsoft® Windows® 7 (SP1) and Windows 10 Professional operating system ✓ Red Hat® Enterprise Linux® 6.5 & 7.2 WS operating system ✓ CentOS 6.5 & 7.2 Linux operating system
浏览器	Autodesk 推荐使用以下浏览器的最新版来获取在线补充内容 Apple® Safari® ✓ Google Chrome™ ✓ Microsoft® Internet Explorer® ✓ Mozilla® Firefox®

表 3.2　MotionBuilder 硬件要求

	硬　　件
CPU	64 位 Intel 或者 AMD 多核处理器
显卡	参照 Maya 软件要求
内存	至少 8GB(推荐使用 16GB 及以上)
磁盘空间	至少剩余 4GB 空间用于软件安装
鼠标	3 键鼠标

3.2.2　MotionBuilder 安装步骤

在开始安装之前一定要确认你的计算机软硬件是否满足 MotionBuilder 的最低要求。首先解压缩安装文件到指定的目录,如图 3.3 所示。

图 3.3　解压缩安装文件

解压缩完成后,会自动启动 MotionBuilder 安装程序,如图 3.4 所示。

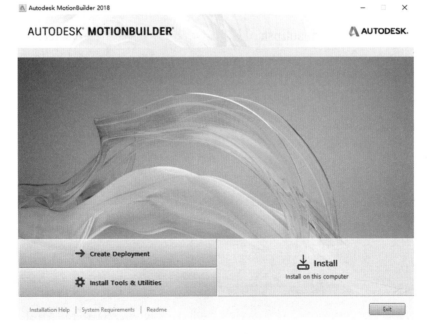

图 3.4　启动安装程序

单击 Install 按钮,进入 License Agreement(许可及服务协议)界面,如图 3.5 所示。

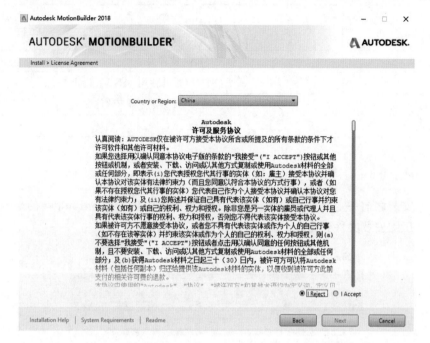

图 3.5　许可及服务协议

这里选择 I Accept(我接受),然后单击 Next(下一步)按钮,进入 Configure Installation (配置安装)界面,如图 3.6 所示。

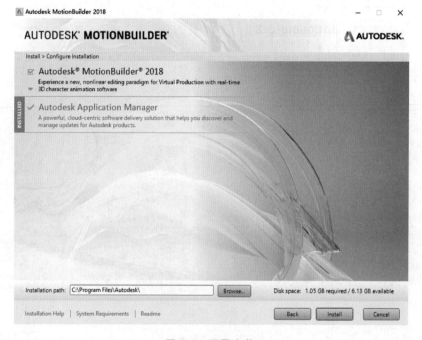

图 3.6　配置安装

选择需要安装的路径，可以单击 Browser 按钮选择其他安装路径，选择完成之后，单击 Install 按钮开始安装，如图 3.7 所示。

图 3.7　安装 MotionBuilder

完成后，单击 Launch Now 或者在桌面上单击 MotionBuilder 图标即可进入激活界面，如图 3.8 所示。

图 3.8　MotionBuilder 激活界面

选择 Enter a Serial Number 可以通过输入序列号激活软件，选择 Use a Network License 可以通过网络许可的方式激活，选择 Start a trial 可以进行试用。

3.3 启动与关闭 MotionBuilder

通过双击桌面上的 MotionBuilder 图标或者在"开始"菜单中选择 MotionBuilder 都可以启动 MotionBuilder 软件。初次启动 MotionBuilder 时,会弹出 1-Minute Startup Movies(一分钟教学)窗口,如图 3.9 所示。

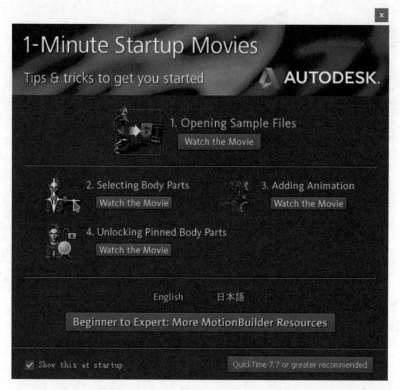

图 3.9　1-Minute Startup Movies 窗口

在这里共有 4 个时长 1 分钟左右的教学影片,帮助用户快速了解 MotionBuilder 软件的操作,包括 Opening Sample Files(打开样例文件)、Selecting Body Parts(选择身体局部)、Adding Animation(添加动画)和 Unlocking Pinned Body Parts(解锁被锁定的控制器)。教学影片有英文和日文两种语言供选择,但是没有简体中文。单击 Beginner to Expert:More MotionBuilder Resources,则可以链接到 Autodesk 官方的教学页面。

这里的影片需要 QuickTime 软件的支持,如果不能播放,请下载并安装 QuickTime 7.7及以上版本。

如果不希望每次都弹出 1-Minute Startup Movies 窗口,则可以取消勾选 Show this at startup 复选框,这样下次启动时就不再显示。如果需要再次打开新手教学窗口则可以在 MotionBuilder 的 Help 菜单中选择 1-Minute Startup Movies 即可。

若要退出 MotionBuilder,只需要单击右上角的"关闭"按钮或者选择 File 菜单中的 Exit命令即可。

3.4 MotionBuilder 的工作界面

启动 MotionBuilder 软件后,即可进入 MotionBuilder 默认的工作界面,如图 3.10 所示。

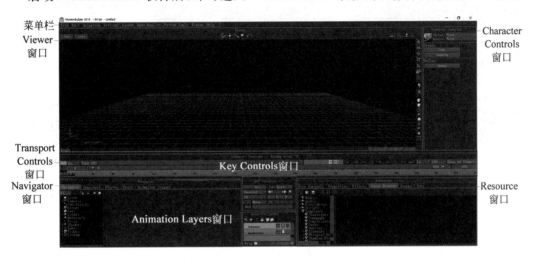

图 3.10 MotionBuilder 工作界面

3.4.1 菜单栏

当要使用菜单命令时,只需要将鼠标指针移动到菜单栏上并单击相应的菜单选项,即可弹出下拉菜单,此时,可以选择所需使用的命令。

File 菜单主要包括文件的新建、打开、关闭以及导入导出等功能;Edit 菜单主要包括撤销、重做,以及常规的复制、粘贴、剪切等功能;Animation 菜单主要包括动画的烘焙、动画属性删除等功能;Setting 菜单主要包括 MotionBuilder 的设置选项和操作习惯等功能;Layout 主要是对软件布局的设置;Open Reality 可以用来开启独立的工具窗口;Python 菜单可以利用脚本对文件进行批处理;Window 窗口用来打开或者关闭额外的窗口;Help 菜单提供帮助功能。

3.4.2 Viewer 窗口

Viewer(浏览)窗口是 MotionBuilder 的主要工作窗口,编辑的内容全部显示在其中,可以在 Viewer 窗口对动画进行预览和编辑。在 Viewer 窗口的左上方有 View 与 Display 两个独立的菜单栏,用于调整观察的方式,以及对象显示的模式,如图 3.11 所示。

Viewer 窗口的正上方是视角调整工具,可以对场景进行旋转、移动、缩放等操作,如图 3.12 所示。

Viewer 窗口的右上方是一组特殊的工具,包括标尺、轨迹等,如图 3.13 所示。

Viewer 窗口的右边是工具栏,用来对场景中的对象进行一系列的基本操作,如图 3.14 所示。

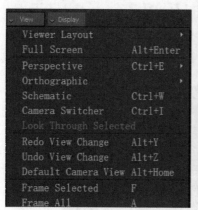

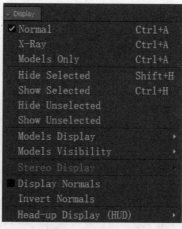

图 3.12　视角调整工具

图 3.11　Viewer 窗口菜单栏

图 3.13　特殊工具

3.4.3　Character Controls 窗口

Character Controls(角色控制)窗口用于创建 Actor 以及 Control Rig,可以用来通过映射骨骼来实现对角色的处理。在创建了 Control Rig 之后,可以通过 Controls 面板对角色的控制器进行选择和操作,如图 3.15 所示。

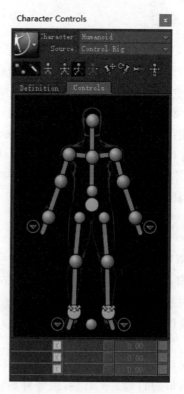

图 3.14　工具栏

图3.15　Character Controls 窗口的 Controls 面板

MotionBuilder 作为一个角色动画软件，其主要功能就是制作角色动画，而设置角色动画主要就是通过 Character Controls 窗口来完成。

3.4.4　Transport Controls 窗口

Transport Controls(动画控制)窗口可以用来创建或选取动画片段，控制动画的播放、停止，以及控制动画回放区的范围、帧频等。在 Transport Controls 中还可以查看动画关键帧，以及对关键帧进行相关操作。Transport Controls 窗口如图 3.16 所示。

图 3.16　Transport Controls 窗口

3.4.5　Navigator 窗口

Navigator(导航)窗口有 5 个子窗口，包括 Navigator(导航)、Dopesheet(关键帧清单)、FCurves(曲线)、Story(故事板)、Animation Trigger(动画触发器)。

1. Navigator

Navigator 窗口以树状目录的方式，显示场景中已有的所有组件。在 Navigator 窗口中，可以查看所有组件的详细属性，以及已经进行的相应操作，Navigator 窗口如图 3.17 所示。

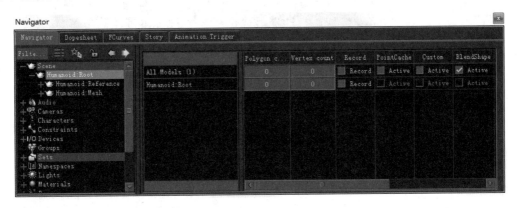

图 3.17　Navigator 窗口

2. Dopesheet

Dopesheet(关键帧清单)可以以更详细的方式显示动画的关键帧；可以显示动画的权重，以及从移动、旋转、缩放和透明度四个维度来分别显示动画的关键帧；可以通过移动、复制、剪切和粘贴等方式来编辑关键帧。Dopesheet 窗口如图 3.18 所示。

3. FCurves

FCurves(曲线)以曲线的形式来显示动画在移动、旋转、缩放和透明度四个维度的变化，

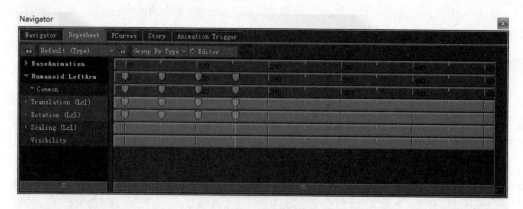

图 3.18　Dopesheet 窗口

并可以通过直接选中曲线进行平滑等编辑操作,使得动画更加流畅。FCurves 窗口如图 3.19
所示。

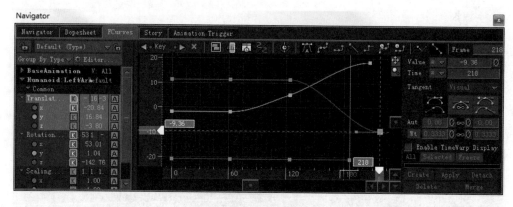

图 3.19　FCurves 窗口

4. Story

Story(故事板)主要用于动画的连接和编辑,在动作捕捉后期处理时,有着非常重要的
作用,将在后面进行详细讲解。Story 窗口如图 3.20 所示。

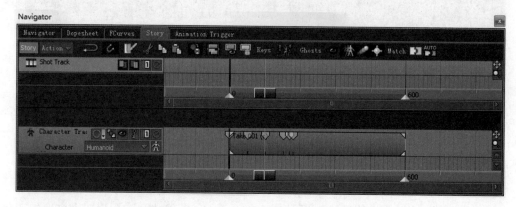

图 3.20　Story 窗口

5. Animation Trigger

Animation Trigger(动画触发器)用于使用交互的方式来触发动画,包括键盘、游戏控制杆等。Animation Trigger 窗口如图 3.21 所示。

图 3.21　Animation Trigger 窗口

3.4.6　Key Controls 窗口

Key Controls(关键帧控制)窗口的主要功能就是对关键帧进行操作,包括关键帧的添加、删除、编辑等。Key Controls 窗口如图 3.22 所示。

3.4.7　Animation Layers 窗口

Animation Layers(动画层)窗口可以对动画进行分层编辑,是对动画进行后期修改的重要手段,会在后面作详细介绍。Animation Layers 窗口如图 3.23 所示。

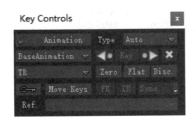

图 3.22　Key Controls 窗口

图 3.23　Animation Layers 窗口

3.4.8　Resources 窗口

Resources(资源)窗口中包括六个子窗口,分别是 Pose Controls(姿势控制)、Properties(属性)、Filters(过滤)、Asset Browser(资源浏览器)、Groups(组)和 Sets(集合)。

1. Pose Controls

Pose Controls(姿势控制)窗口可以对角色的姿势进行编辑,包括姿势的复制、镜像等,Pose Controls 窗口如图 3.24 所示。

图 3.24　Pose Controls 窗口

2. Properties

Properties(属性)窗口可以查看所选对象的属性,并进行编辑。Properties 窗口如图 3.25 所示。

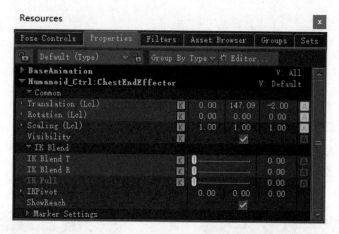

图 3.25　Properties 窗口

3. Filters

Filters(过滤)窗口可以对关键帧进行过滤,主要用于处理在动作捕捉过程中由于各种原因造成的动作的抖动。Filters 窗口如图 3.26 所示。

4. Asset Browser

Asset Browser(资源浏览器)窗口中包括系统提供的各种各样的资源,可以在其中添加用户自己的资源,进行统一管理和随时调用,非常方便。Asset Browser 窗口如图 3.27 所示。

5. Groups 和 Sets

Groups(组)和 Sets(集合)窗口主要用于复杂的场景设置中,可以方便地为选择项目创建选择组和集合、隐藏组和集合,对所选择的组和集合进行锁定操作等,Groups 和 Sets 窗口分别如图 3.28 和图 3.29 所示。

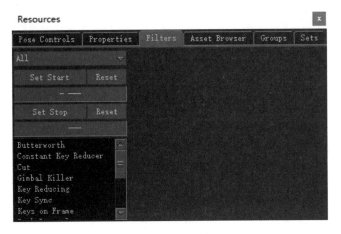

图 3.26 Filters 窗口

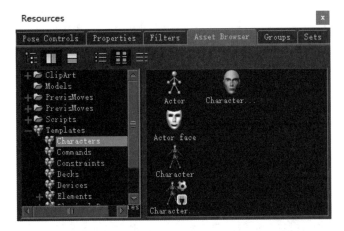

图 3.27 Asset Browser 窗口

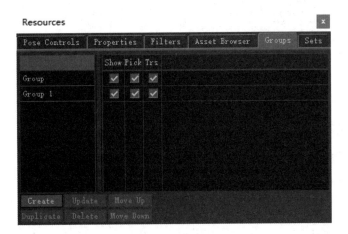

图 3.28 Groups 窗口

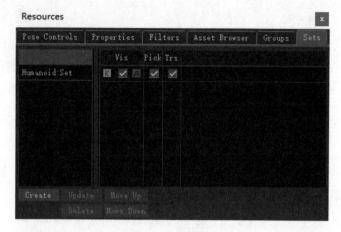

图 3.29 Sets 窗口

3.5 MotionBuilder 的基本设置

视频讲解

3.5.1 参数设置

在菜单栏中的 Setting(设置)中,打开 Preferences(参数设置),即可进入参数设置中,在这里,可以对 MotionBuilder 软件的相关功能的默认参数进行调整,包括动画、角色、曲线以及故事板等,如图 3.30 所示。

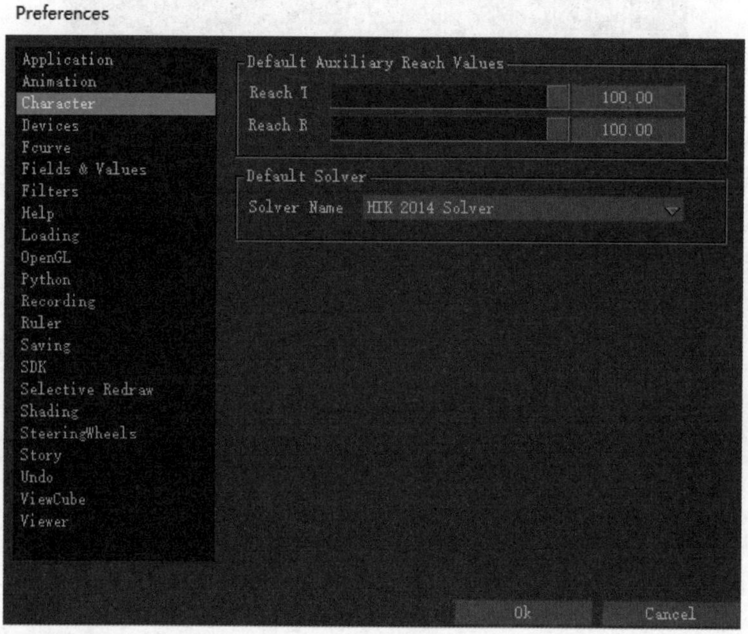

图 3.30 参数设置

3.5.2　交互模式

Interactive Mode(交互模式)是初次使用 MotionBuilder 时一定要进行的设置,在菜单栏中的设置中打开第二项交互模式即可。交互模式指的是在 Viewer 窗口中使用键盘和鼠标操作视图的默认方式,如 Maya 中常用的"Alt＋鼠标左键"旋转视图、"Alt＋鼠标中键"移动视图、"Alt＋鼠标右键"缩放视图等。在

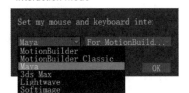

视频讲解

学习 MotionBuilder 软件之前,大家可能接触过一些其他的三维动画软件,并已经适应了其操作视图的方式,为了让用户更快上手,MotionBuilder 比较贴心地给出了多种交互模式以供选择,包括经典 Maya 模式、3ds Max 模式、Lightwave 模式、Softimage 模式、MotionBuilder 模式和 MotionBuilder Classic 模式等,用户只需要根据自己的操作习惯在下拉菜单中选择相应的模式即可。交互模式设置如图 3.31 所示。

图 3.31　交互模式设置

3.6　MotionBuilder 软件布局设置

视频讲解

跟大多数软件一样,MotionBuilder 也可以对软件中各个窗口的布局进行调整,根据用户的显示设置,以及个人喜好,调整各个子窗口的大小、位置等。

MotionBuilder 软件提供了三种默认的布局模式,包括 Editing(编辑)、Scripting(脚本)和 Preview(预览),对应的快捷键分别为 Ctrl＋Shift＋1、Ctrl＋Shift＋2、Ctrl＋Shift＋3。可以根据操作情境,切换到相应的布局。其中最常用的布局是 Editing(编辑),它也是我们进入 MotionBuilder 软件的默认布局,如图 3.32 所示。

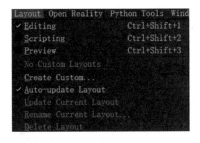

图 3.32　布局设置

如果需要定制布局,首先将各个子窗口调整到自己需要的位置和比例,然后选择 Create Custom Layout(创建自定义布局),然后对其命名,这样用户的布局就被添加到系统默认的三种布局下面。与系统提供的布局一样,可以直接在菜单栏中选择来进行切换,也可以对自定义的布局进行重命名和删除等操作。

3.7　MotionBuilder 的视图与显示模式

Viewer 窗口是 MotionBuilder 中最主要的工作空间,所有对象都是在 Viewer 窗口中浏览以及操作,在 MotionBuilder 中可以根据自己的需求随时对 Viewer 窗口的显示模式和对象的显示模式进行调整。

在 Viewer 窗口的左上方有 View 和 Display 两个按钮,单击相关按钮可以弹出菜单,在菜单中可对 View 和 Display 进行详细的设置。

3.7.1 View 设置

视频讲解

1. Viewer Layout

在 Viewer Layout(浏览窗口布局)中可以对 Viewer 窗口的布局和显示模式进行设置,如图 3.33 所示。

在 Viewer Layout(布局)菜单中包括 Single Pane(单视口)(默认)、Two Panes(双视口)、Three Panes(三视口)、Four Panes(四视口)四种模式,对应的快捷键分别为 Ctrl+1、Ctrl+2、Ctrl+3、Ctrl+4,用于在 Viewer 中显示多个不同的视角,如图 3.34 所示。

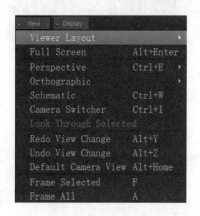

图 3.33 View 菜单

图 3.34 Viewer Layout 菜单

在默认的单视口中,显示的是 Producer Perspective(透视图),而在四视口模式下,会显示常规的三视图,即顶视图、前视图、侧视图,及透视图,如图 3.35 所示。

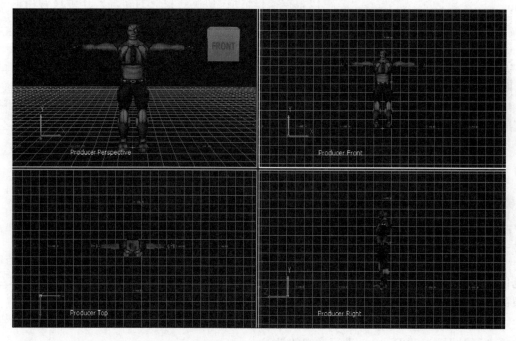

图 3.35 四视口模式

2. 视口调整

无论是在单视口布局下,还是在多视口布局下,都可以对视图进行快速切换。可以在 View 菜单中选择 Orthographic(视口)子菜单,然后直接选择相应的视口即可。视口子菜单及对应的快捷键分别为:前视图(Producer Front)/后视图(Producer Back),Ctrl+F;右视图(Producer Right)/左视图(Producer Left),Ctrl+R;顶视图(Producer Top)/底视图(Producer Bottom),Ctrl+T。

这里要注意虽然有六种不同的视口,但是对应的快捷键只有三组,在同一组视口中切换时,不同的视图可以直接切换,例如从顶视图切换到后视图,直接按 Ctrl+F 键,但是切换过来有可能是前视图,将前视图切换到后视图,需要再按一次 Ctrl+F。如果要切换到透视图,可以在 View 菜单中选择 Perspective→Producer Perspective,或者按快捷键 Ctrl+E。

MotionBuilder 还提供了全屏幕显示的模式,可以在 View 菜单中选择 Full Screen(全屏幕),或者使用快捷键 Alt+Enter,按一次进入全屏幕显示模式,再按一次退出,也可以按 Esc 键退出全屏幕。

这里推荐尽量使用快捷键来操作,熟练掌握后会大大提高操作效率。视图的切换如图 3.36 所示。

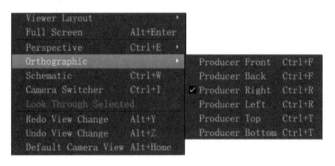

图 3.36　视图切换

3. Schematic 显示

除了三视图和透视图之外,为了能够更好地查看和选择场景中的对象,MotionBuilder 提供了 Schematic(大纲)显示模式,进入 Schematic 显示模式的快捷键为 Ctrl+W。

在 Schematic 模式下,场景中的对象以方块和线条的连接来表示对象的逻辑层级结构,每一个方块代表对象的一个节点,而连线代表它们之间的关系。这样在复杂的场景中如果要选择某一个对象或者对象的某个局部,就可以非常精确地进行选择,而不会误选。

Schematic 显示模式虽然是以一种抽象的 2D 方式显示对象,但是在其他视口中,常用的视图调整方式除了旋转之外,缩放和平移依然可以在这里使用,便于对视图进行缩放和平移。Schematic 显示模式如图 3.37 所示。

在 Schematic 显示模式中,如果对象较多,会出现对象重合的现象,导致选择困难,这时可以使用鼠标右键调出 Schematic 菜单,选择 Arrange All 命令,让系统自动排列所有的对象,如图 3.38 所示。

此外在菜单中还可以收起或者展开对象的层级显示。按 A 键可以让所有的节点全部显示,Show Grid 命令可以决定是否显示网格。

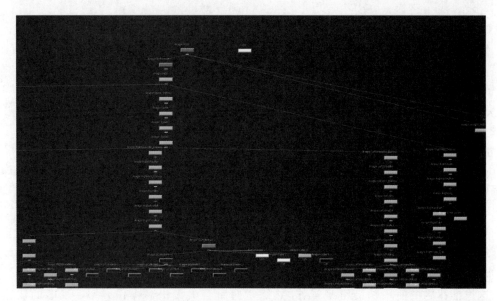

图 3.37　Schematic 显示模式

在 Schematic 显示模式中,模型的节点默认为浅灰色,如果有
材质则显示材质的颜色。而根节点、空节点、标记点以及摄像机
兴趣点等则显示为红色。在 Schematic 中选中任何对象再切换到
其他显示模式,对象依然处于选中状态,而如果在其他视口中选中
对象,切换到 Schematic 显示模式,也依然保留对象的选中状态。

4. Camera Switcher

在添加了摄像机后,可以使用 Camera Switcher(摄像机视
角),快捷键为 Ctrl+I。在 Camera Switcher 下,在旋转、平移和
缩放视图时,将围绕 Camera Interest(摄像机的兴趣点)来进行,
如图 3.39 所示。

图 3.38　Schematic 菜单

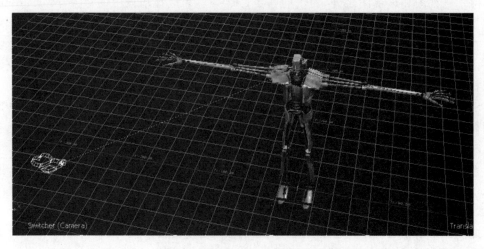

图 3.39　Camera Switcher

5. Look Through Selected

Look Through Selected(穿透模式)可以以穿透的视角查看选中的对象,Look Through Selected 模式如图 3.40 所示。

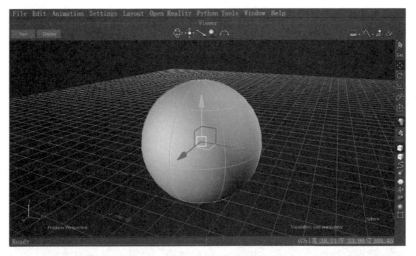

图 3.40　Look Through Selected 模式

6. 视角调整的撤销、重做与恢复默认

在 MotionBuilder 中进行操作时,会频繁地切换视角,如果出现了误操作,也可以迅速地撤销。在菜单中选择 Undo View Change 可以撤销上一步的视角切换,快捷键为 Alt＋Z;选择 Redo View Change 可以重做上一步视角切换,快捷键为 Alt＋Y;选择 Default Camera View 可以返回默认视角,快捷键为 Alt＋Home,如图 3.41 所示。

7. 单一/多个对象查看模式

当场景中有多个对象时,可以在 View 菜单中选择单一或多个对象查看模式,如图 3.42 所示。

Redo View Change	Alt+Y	
Undo View Change	Alt+Z	
Default Camera View	Alt+Home	

Frame Selected	F
Frame All	A

图 3.41　视角调整的撤销、重做与恢复默认 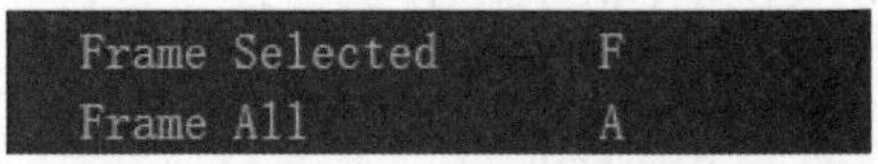　　图 3.42　单一/多个对象查看模式菜单

如果需要单独查看某一个对象,可以使用 Frame Selected,此时系统会切换到基于该选中对象的最佳视角,快捷键为 F;而如果要查看所有对象,则可以使用 Fame All 来显示场景中的所有对象,快捷键为 A,如图 3.43 和图 3.44 所示。

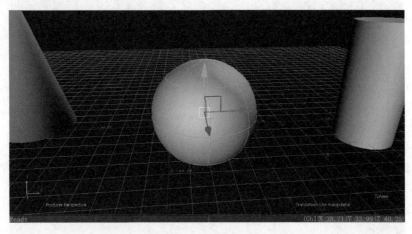

图 3.43　Frame Selected

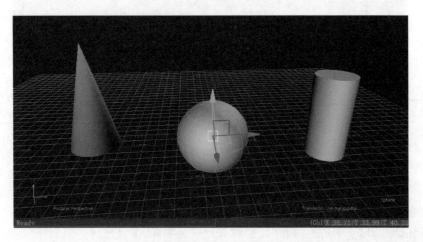

图 3.44　Frame All

3.7.2　Display 设置

在 MotionBuilder 中,处理的主要对象是角色动画。处理好的角色和其他三维对象不同,角色都会带有骨骼以及控制器等。在具体操作时,有时需要显示骨骼或控制器,便于调整角色的动作,有时则需要隐藏骨骼或控制器以便于

视频讲解

观察动作。在 Display(对象显示模式)中可以根据需要来选择相应的对象显示模式。
MotionBuilder 提供了三种对象显示模式：Normal(常规)模式、X-Ray(X 光)模式和 Models
Only(仅显示模型)模式，如图 3.45 所示。

　　使用快捷键 Ctrl＋A 可以在三种模式中顺序切换。

1．Normal 模式

　　Normal(常规)模式是系统默认的显示模式，在该模
式下，所有的对象都正常显示，绑定好的角色虽然有骨骼，
但是由于被皮肤遮挡，所以在 Normal 模式下，其骨骼不可
见。而使用动作捕捉系统得到的动作，因为没有蒙皮，只
有骨骼与拍摄的标记点，没有遮挡，所以骨骼可见，如
图 3.46 所示。

　　在这种模式下，可以查看场景中全部可见的对象，但
是角色的骨骼或者控制器由于被外面的蒙皮遮挡，因此不
能显示，也无法对其进行选择和操作。

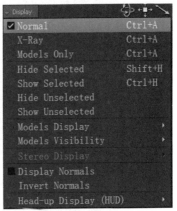

图 3.45　对象显示模式

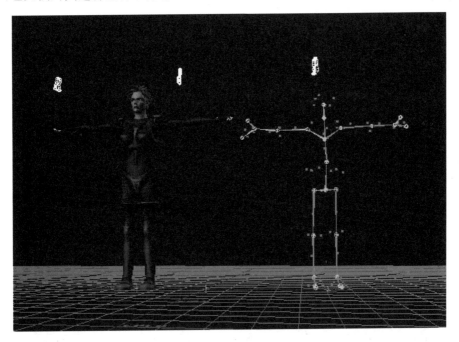

图 3.46　Normal 模式

2．X-Ray 模式

　　X-Ray(X 光)模式顾名思义就是以 X 光的方式来查看对象。在 X-Ray 模式下除了可以
显示 Normal 模式所有的对象之外，还可以显示角色的骨骼以及控制器。X-Ray 模式如
图 3.47 所示。

　　要对角色添加动作时，就需要选择骨骼或者 Control Rig 等，所以这种模式是制作动画
的主要模式。

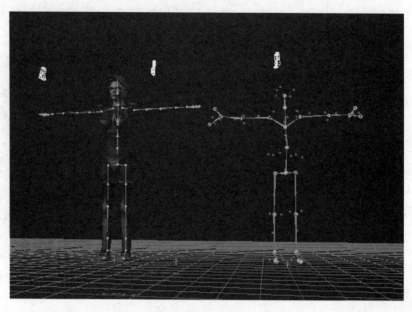

图 3.47 X-Ray 模式

3. Models Only 模式

在 Models Only(仅显示模型)模式下,场景中的骨骼以及摄像机等非实体的对象全部被隐藏,只显示角色以及其他实体模型。这种模式非常适合用来预览动画效果。Models Only 模式如图 3.48 所示。

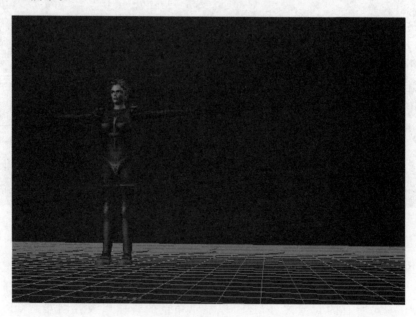

图 3.48 Models Only 模式

4．显示和隐藏对象

为了更好地观察场景中的对象，可以设置某一个特定的对象为可见或者不可见。MotionBuilder 提供了四种模式，分别为 Hide Selected(隐藏选中对象)，快捷键为 Shift＋H；Show Selected(显示选中对象)，快捷键为 Ctrl＋H；Hide Unselected(隐藏未选择对象)；Show Unselected(显示未选择对象)。可以根据需要来决定具体对象的显示或者隐藏，显示和隐藏对象如图 3.49 所示。

5．Models Display

与 Maya 类似，MotionBuilder 提供了六种 Models Display(模型显示模式)，分别是Wireframe(线框模式)，快捷键为 4；Flat(扁平模式)，快捷键为 2；Lighted(灯光模式)，快捷键为 5；Textures(材质模式)，快捷键为 6；Shaders(实体模式)，快捷键为 3；Textures＋Shaders(材质＋实体模式)，快捷键为 7，如图 3.50 所示。

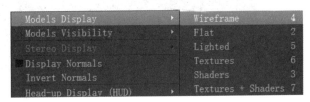

图 3.49　显示和隐藏对象　　　　图 3.50　Models Display

MotionBuilder 默认使用的是 Textures＋Shaders 模式，如果需要切换到其他的 Models Display 模式，可以直接用快捷键进行切换，图 3.51 所示是 Wireframe 显示模式，图 3.52 所示是 Textures＋Shaders 显示模式。

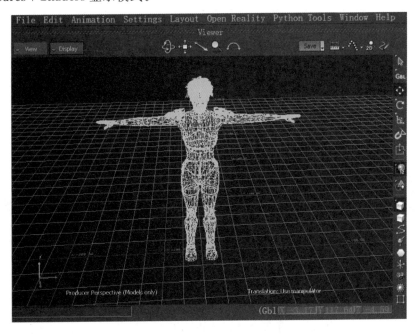

图 3.51　Wireframe 显示模式

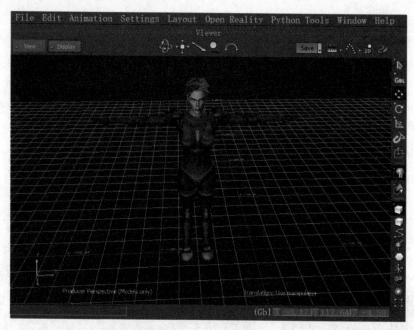

图 3.52 Textures+Shaders 显示模式

6. Models Visibility

Models Visibility(模型可见性)菜单中可以选择模型中特定对象的显示或者隐藏,包括 Nulls(空对象)、Markers(标记点)、Skeletons(骨骼)、Lights(灯光)、Cameras(摄像机)、Devices(设备)、3DPath(三维路径)、Models(模型)等八种。可以通过勾选的方式显示或者隐藏对象,如图 3.53 所示。需要注意的是,该选项只有在 Normal 和 X-Ray 模式下才有效,Models Only 模式下会直接隐藏除模型之外的所有对象。

7. 其他显示模式

除了常规的显示模式,MotionBuilder 还提供了 Stereo Display(立体显示)、Display Normals(法线显示模式)、Invert Normals(反转法线显示模式)和 Head-up Display(HUD,抬头显示模式),如图 3.54 所示。

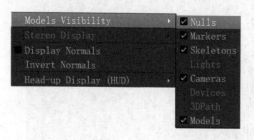

图 3.53 Models Visibility 菜单选项　　　　图 3.54 其他显示模式

在 Head-up Display 中,可以实时显示各种参数,包括 Display Rate(显示帧速率)、Display Memory Usage(显示内存使用)、Display Time Code(显示时间码)、Display Safe Area(显示安全区)、Display ViewCube(显示视图方位立方体)、Display SteeringWheel(显示

三维导航控制盘)等,如图 3.55 所示。用户可以根据需要随时调用这些显示模式。

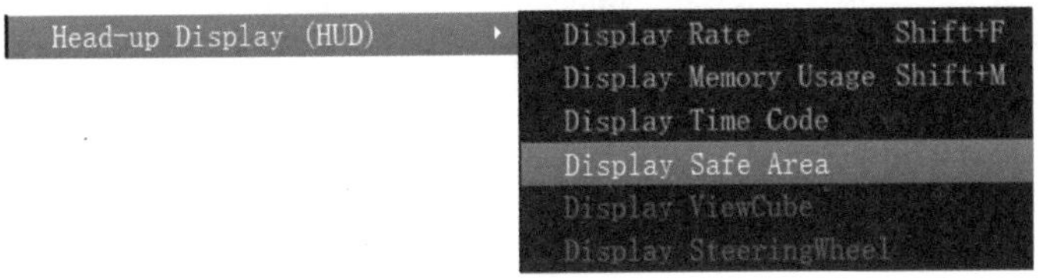

图 3.55　Head-up Display

思考与练习

1. 如何安装 MotionBuilder 软件?
2. MotionBuilder 软件有哪些常用窗口?
3. MotionBuilder 软件有哪些交互模式?
4. MotionBuilder 软件有哪些布局方式?
5. Viewer 窗口有哪些视图模式?
6. Viewer 窗口中的模型有哪些显示方式?

第 4 章

Chapter 04 [MotionBuilder
基本使用方法]

MotionBuilder 作为 Autodesk 公司旗下的三维动画软件,其使用方法与 Autodesk 公司的 3ds Max、Maya 等主流的三维动画软件有一定的相同之处。但是由于 MotionBuilder 的前身 FILMBOX 并非 Autodesk 公司的产品,以及它在功能上与其他软件的差异,使得 MotionBuilder 又有着自己独特的一面。通过对前面章节的学习,大家应该对 MotionBuilder 软件的界面和主要功能有了一个基本的认识,而本章主要介绍 MotionBuilder 的基本操作,以便让读者能够对 MotionBuilder 迅速上手。

4.1 文 件 操 作

文件操作通常是一次工作流程的起点和终点,无论是文件的新建、打开、保存、导入以及导出等,都需要通过文件操作来完成。

1. MotionBuilder 支持的文件格式

MotionBuilder 的标准文件格式为 FBX 格式,使用其他三维软件建立的文件只要能保存为 FBX 格式,均可以在 MotionBuilder 中使用。

此外 MotionBuilder 还支持 3DS、DAE、DXF 和 OBJ 等格式,如果需要打开上述格式,则在 Open File 窗口中的文件类型处设置为 All Files 即可。

2. 新建和保存文件

在 File 菜单中选择 New 或者按快捷键 Ctrl+N 即可建立新的文件,得到一个空的场景。完成编辑后在 File 菜单中选择 Save 或者按快捷键 Ctrl+S 就可以保存文件,也可以在 File 菜单中选择 Save As 将文件重新命名并存储到其他位置或者使用 Save Selection As 仅保存选中的对象。File 菜单如图 4.1 所示。

3. 打开文件

在 File 菜单中选择 Open 打开 Open File 对话框,如图 4.2 所示。

选择需要打开的文件后,在 Open Files 对话框中单击"打开"按钮,则可以进入 Open Options(打开选项)窗口,如图 4.3 所示。

图 4.1 File 菜单

在 Open Options 窗口中,分为场景元素、设置、动画片段、动画层和命名空间几个功能区,在场景元素区中可以选择是否打开某一项或者几项场景类型中所包含的元素或者动画。 图标表示导入相应的元素或者动画,如果不需要导入某元素或者动画,则可以单击 图标,此时图标变成 ,表示不导入当前的元素或者动画。在任意图标上右击,可以选择 Load All Elements/Animation 或者 Discard All Elements/Animation 来导入所有元素/动画或者不导入所有元素/动画。在设置区可以选择导入或者不导入文件所包含的设置。在动画片段区可以选择导入文件中所包含的动画片段。在动画层区可以选择导入时包括空的动画层或者不包括。在命名空间区可以设置应用命名空间选项。完成设置后,单击 Open 按钮打开文件。

图 4.2　Open File 对话框

图 4.3　Open Options 窗口

4．叠加文件

当在 MotionBuilder 中打开了一个场景之后，如果想要将其他场景中的内容追加到当前的场景中，就需要使用叠加文件的方法，在 File 菜单中选择 Merge(叠加)即可。叠加文件的使用和打开文件几乎完全相同，区别在于如果使用打开文件的方式，会建立一个新的场景，而使用叠加文件的方式，则会将文件追加到当前的场景中。File 菜单中的 Merge 命令如图 4.4 所示。

在使用动作捕捉文件来制作动画时，需要同时将模型文件和动作文件分别置入到场景中，如果使用打开文件的方法，则很难将二者放到一个场景中，而使用叠加文件就可以先打开一个模型，然后叠加一个动作文件，或者反之亦然。

5．导入对象

如果需要在场景中导入一些对象，例如音/视频等，则需要使用 File 菜单中的 Import(导入)命令，File 菜单中的导入包括 Audio、Video 和 Point Cache 三种，如图 4.5 所示。

图 4.4　Merge 命令　　　　　　　　　　图 4.5　Import 命令

Audio 为音频文件，可以作为动画的音乐、配音，也可以用语音来驱动角色的表情。Video 为视频文件，可以作为动画素材。Point Cache 为 3ds Max 所输出的点缓存文件，可以用于角色的材质等内容。

MotionBuilder 支持多种格式的音频文件，包括常见的 WAV、MP3、AIFF 以及 MOV等，选择 Import Audio，在弹出的 Import Audio 对话框中选择需要导入的文件，即可将音频导入，如图 4.6 所示。

图 4.6　Import Audio 对话框

导入 Video 和 Point Cache 的方法与导入 Audio 相似,这里不再赘述。

6. 动作文件的导入和导出

动作文件可以用来驱动角色的动画,通常都是使用动作捕捉系统拍摄的文件。MotionBuilder 支持多种格式的动作文件,包括比较常见的 FBX、BVH 和 C3D 等。在 File 菜单中选择 Motion File Import,如图 4.7 所示。

在弹出的 Import Files 对话框中选择需要导入的动作文件,此时会弹出 Import Options 对话框,如图 4.8 所示。

图 4.7　Motion File Import

图 4.8　Import Options 对话框

如果场景中已有打开的对象,则首先需要选择是新建(Create)一个场景还是将动作叠加(Merge)到当前场景,然后在 Import Options 中选择需要导入的片段以及片段的起始位置,完成之后单击 Import 按钮将动作文件导入到当前场景中。

使用 Motion File Export 则可以将动作文件导出成其他格式,如 FBX、BVH 和 C3D 等。在菜单中选择 Motion File Export,然后在弹出的 Export Files 对话框中选择需要导入的路径,如图 4.9 所示。

接下来在弹出的 Export Options 对话框中选择需要导入的片段内容以及是否覆盖已有文件等选项,然后单击 Export 按钮进行导出,如图 4.10 所示。

7. 批处理

如果需要批量转化某些文件格式,就可以使用批处理功能。批处理中可以导入的文件类型如图 4.11 所示。

而批处理可以导出的文件如图 4.12 所示。

在 File 菜单中,选择 Batch 可以弹出 Batch 对话框,如图 4.13 所示。

首先在 Character 下拉列表框中选择需要处理的角色,在 Input Format 下拉列表框中选择输入的文件格式,在 Input Directory 中选择输入文件的目录,在 Output Format 下拉列表框中选择输出的文件格式,在 Output Directory 中选择输出文件路径,在 Skeleton File 中选择骨骼文件路径。在 Process Type 中选择处理类型,Convert 为默认的文件转换选项。完成之后单击 Start 按钮即可开始批处理。

图 4.9　Export Files 对话框

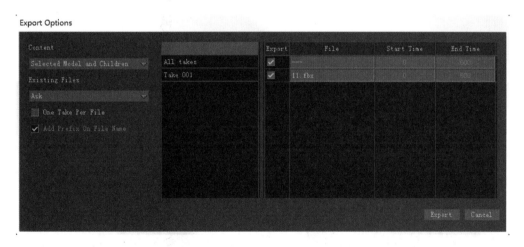

图 4.10　Export Options 对话框

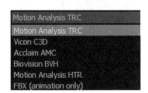

图 4.11　批处理导入文件类型　　　　图 4.12　批处理文件导出类型

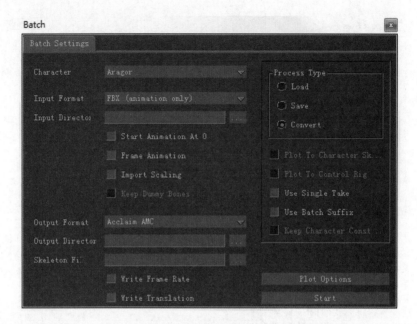

图 4.13　Batch 对话框

8. 导入 Asset Browser 中的资源

在 Asset Browser 窗口中提供了一些基本模型、脚本、角色和动作等资源,如图 4.14 所示。

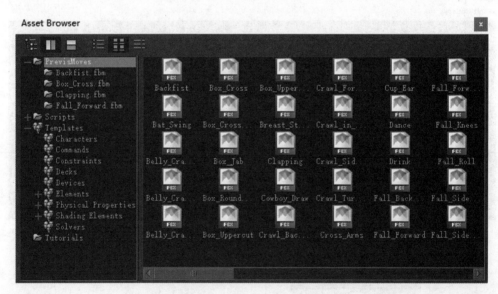

图 4.14　Asset Browser 窗口

如果需要打开 Asset 中的某一个资源,只需要使用鼠标将该资源拖曳到 Viewer 窗口,然后松开鼠标即可。而如果打开的资源为 FBX 格式,则在拖曳之后会弹出 FBX Open 菜单,然后选择 FBX 文件的打开方式,如图 4.15 所示。

图 4.15　FBX Open 菜单

各选项的作用如表 4.1 所示。

表 4.1　FBX Open 菜单功能

选　　项	功 能 描 述
All Takes	使用所选资源替换当前场景,包括所有模型、设置和动画等。如果场景中已经有内容,则系统会自动提示是否保存之前的场景
No Animation	使用所选资源替换当前场景,包括所有模型、设置等,但是不会导入动画,因此也不包括动画片段
Take 001	列出导入 FBX 文件中的动画片段,选择片段名称可以导入所选的片段的动画以及与之关联的模型文件
Options	打开 Open Option 对话框

4.2　MotionBuilder 与其他软件的数据交换

MotionBuilder 的标准文件格式 FBX 已经成为三维模型的数据交换标准,因此只要将文件保存为 FBX 格式就可以方便地在 MotionBuilder 和其他三维软件中进行交换。此外 MotionBuilder 也提供了 single-step interoperability(一步交互)功能,让我们能够迅速地在 MotionBuilder 和 Maya、MotionBuilder、3ds Max 以及 MotionBuilder 和 Softimage 之间进行数据交换,非常方便。

如果需要将场景中的对象全部或者部分发送到 Maya、3ds Max 和 Softimage,只需要打开 File 菜单,并选择 Send to Maya 、Send to 3ds Max 或者 Send to Softimage 即可,如图 4.16 所示。

图 4.16　Send to 功能

　　而如果需要从 Maya、3ds Max 和 Softimage 场景中将对象全部或者部分发送到 MotionBuilder,也可以在 File 菜单中选择 Send to MotionBuilder。

　　在发送时,可以选择 Send a New Scene(发送为新场景),Update Current Scene(更新当前场景),以及 Add to Current Scene(追加到当前场景)三种方法。Send as New Scene 会在目标软件中新建一个场景,Update Current Scene 会将目标场景中相应的对象进行更新,但是必须保证对象名称相同,Add to Current Scene 则会将对象追加到目标软件的场景中。此外还可以使用 Select Previously Sent Object 来选择之前发送的对象,如图 4.17 所示。

图 4.17　Send To 选项

4.3　视图调整

　　前面的章节介绍了 MotionBuilder 软件的视图与显示模式,在预览窗口中,为了更好地观察对象,需要对视图进行调整。在预览窗口的上方有五个视图调整工具:Orbit(旋转)、Travelling(平移)、Dolly(推拉)、Zoom(缩放)和 Roll(转动),如图 4.18 所示。

　　同时可以使用键盘和鼠标结合来进行调整,而调整方法取决于在前面介绍的 Interactive Mode 的设置。由于在使用动作捕捉系统制作动画的过程中,使用了 Maya 作为建模和渲染的工具,因此这里选择与 Maya 相同的交互模式。需要注意的是,这里介绍的五

图 4.18　视图调整工具

个视图调整工具在任何 Interactive Mode 下使用鼠标操作都是相同的效果,而不同之处在于使用键盘来操作时的快捷键不同。

　　视图的调整主要是针对透视图,而其余的三视图的视角是固定的,因此除了缩放之外,其他的视图调整都不能操作。

4.3.1　旋转视图

视频讲解

旋转视图工具可以将视图旋转到我们需要的视角,工具栏中第一个工具Orbit即为旋转工具,在Orbit工具上按住鼠标左键并移动鼠标,视图会根据鼠标移动的方向进行旋转。也可以直接按住Alt键＋鼠标左键,同时移动鼠标实现同样的效果。注意,这里视图的旋转,视角始终是围绕着场景的中心来进行的。

在Orbit工具上按住鼠标右键并移动鼠标,可以实现平移和倾斜。这里的调整不是围绕场景中心,而是以摄像机为中心,相当于直接在操作摄像机朝上、下、左、右观察。

4.3.2　平移视图

视频讲解

平移视图工具可以控制视图向任何方向平移,工具栏中第二个工具Travelling即为平移工具,在Travelling上按住鼠标左键并移动鼠标,视图会根据鼠标移动的方向进行平移,也可以直接按住Alt键＋鼠标中键,同时移动鼠标,可以实现同样的效果。

在Travelling工具上按住鼠标右键并移动鼠标,可以实现追踪功能。可以在180°范围内同时实现视角的旋转和缩放。

4.3.3　推拉视图和缩放视图

视频讲解

推拉视图和缩放视图非常相似,所以放在一起来讲解。从实际效果来看,两者非常相似,甚至可以相互替代,但是二者还是有一定的区别。

工具栏中第三个工具Dolly即为推拉工具,在Dolly工具上按住鼠标左键并移动鼠标,可以实现推拉视角。它相当于摄像机在不改变焦距的前提下,向前或者向后运动。工具栏中第四个工具Zoom即为缩放工具,在Zoom工具上按住鼠标左键(或者右键)并移动鼠标可以缩放视图,它相当于通过改变摄像机的焦距来实现缩放效果。

两者都可以实现缩放,但是使用Dolly工具在放大视图时,会有透视变形效果,甚至可以穿过对象,而Zoom工具由于是改变焦距,则不会有透视效果,也永远不会穿越对象,两者之间的区别如图4.19和图4.20所示。

按住Alt键＋鼠标右键,同时移动鼠标,可以实现推拉效果。

4.3.4　转动视图

视频讲解

转动视图工具可以控制视图在Z轴上转动,工具栏中第五个工具Roll即为转动工具,在Roll工具上按住鼠标左键并移动鼠标,视图会根据鼠标移动的方向进行转动,如果使用鼠标右键,则视图会以15°为最小单位进行转动。

4.3.5　ViewCube

在三维世界中,使用XYZ坐标系来确定三维空间,但是普通人更加习惯以前、后、上、下、左、右来定义方位。在MotionBuilder中提供了视图方位立方体来进行方位的显示。

在菜单Settings(设置)中,选择Preferences(参数),然后选择ViewCube(视图方位立方

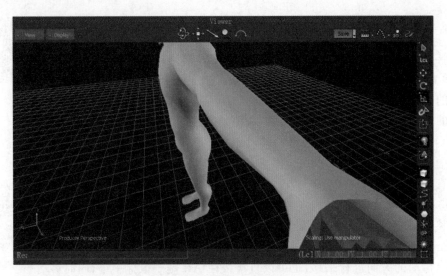

图 4.19 Dolly 工具效果

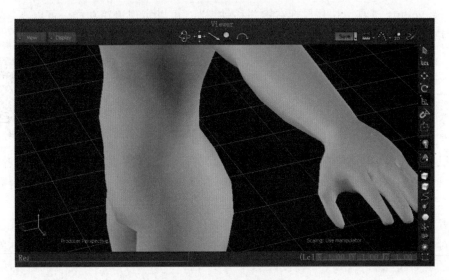

图 4.20 Zoom 工具效果

体),勾选 Show the ViewCube(打开视图方位立方体),如图 4.21 所示。

开启后,在预览窗口的右上角,就可以看到一个立方体,标记着六个方位,分别为 Front (前)、Back(后)、Left(左)、Right(右)、Top(上)、Bottom(下),如图 4.22 所示。

这样,在调整视图的过程中,随时可以通过立方体上的方位,了解视图的调整情况,单击左上角的 Home 键,可以立即回到默认的前视图。

此外,还可以在立方体的下面添加 Compass(罗盘),以表明 E(东)、S(南)、W(西)、N(北)四个方向,在 Preferences 设置窗口中,勾选 Compass 即可,添加了 Compass 之后如图 4.23 所示。

Compass 的默认方向和我们平时熟悉的上北、下南、左西、右东一致。

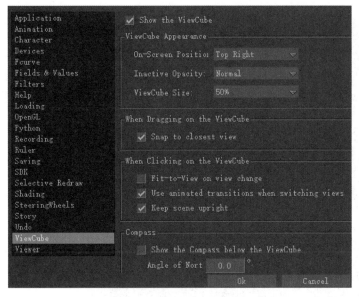

图 4.21　ViewCube 设置

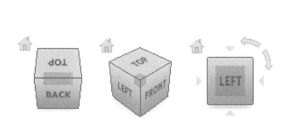

图 4.22　ViewCube 界面

图 4.23　Compass 界面

　　在 Preferences 设置窗口中还可以对立方体的大小、旋转角度等进行详细的设置,这里不一一赘述。

4.3.6　SteeringWheels

　　除了使用立方体之外,还可以使用 SteeringWheels(三维导航控制盘)来调整视图,它集成了八种视图观察的方式。

　　在 Settings 菜单中,选择 Preferences,然后选择 SteeringWheels,勾选 Show SteeringWheels,如图 4.24 所示。

　　此时,控制盘并不会立即显示,需要使用快捷键 Ctrl＋Shift＋N 来开启,开启后如图 4.25 所示。

　　在控制盘中有八个按钮,分别是 ZOOM(缩放)、PAN(平移)、ORBIT(旋转)、REWIND(回放)、CENTER(中心)、WALK(漫游)、LOOK(环视)、UP/DOWN(向上/下)。可以直接使用鼠标左键选择相应的观察方式,对视图进行调整。

图 4.24 SteeringWheels 设置

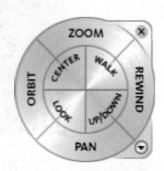

图 4.25 SteeringWheels 界面

4.4 对象基本操作

在 MotionBuilder 中,提供了三种基本的对象操作,分别是移动、旋转和缩放。在对象进行操作前首先需要选择对象。

4.4.1 选择对象

在 Viewer 窗口中使用鼠标左键单击或者按住鼠标左键框选要选择的对象即可选中对象。对于结构复杂的对象,首先需要调整视图,然后进行选择。按住 Shift 键,可以进行复选,追加选择对象,或者取消部分选择对象。

视频讲解

如果需要选择骨骼,则需要将对象显示模式调整为 X-Ray 模式。为了防止错选或者漏选,也可以切换到 Schematic 显示模式下进行查看和选择。

除了在 Viewer 窗口中进行选择之外,还可以在 Navigator 窗口中展开 Scene(场景)目录,然后直接在树形目录中选择对象,如图 4.26 所示。

对于添加了骨骼的角色对象,如果已经添加了控制器,可以通过 Character Controls 窗口来进行选择,如图 4.27 所示。

4.4.2 选择模式

在 Viewer 窗口的 Selection(选取)工具中,包括 Selection 和 Parent 两个选项。其中 Selection 为默认选项,如图 4.28 所示。

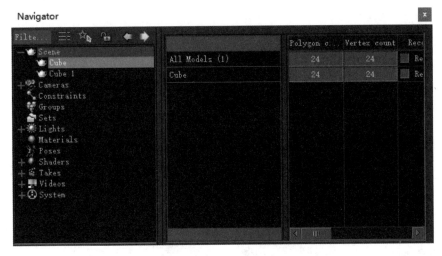

图 4.26　在 Navigator 窗口中选择对象

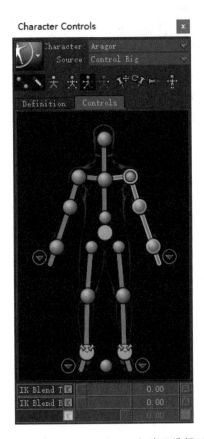

图 4.27　在 Character Controls 窗口选择对象

图 4.28　Selection 工具选项

　　在 Selection 模式下，可以对对象进行移动、旋转和缩放等操作；在 Parent 模式下，可以在对象之间建立父子层级关系。

4.4.3 Translate

Translate(移动)工具的快捷键为 W,使用 Translate 工具有两种位移方式。一种是直接拖动三个轴向的箭头,使对象分别沿着 X、Y 或者 Z 轴移动,其中红色箭头为 X 轴,绿色箭头为 Y 轴,蓝色箭头为 Z 轴。Translate 工具操作如图 4.29 所示。

视频讲解

第二种方式是使用鼠标单击两个箭头间的方框或者三个箭头相交的方框。单击两个箭头之间的方框并拖动,可以使对象沿着两个轴向的平面移动,如选择蓝色和绿色箭头之间的方框可以使对象沿着 YZ 平面移动;而选择三轴相交的黄色方框,则可以使对象任意移动。Translate 工具操作如图 4.30 所示。

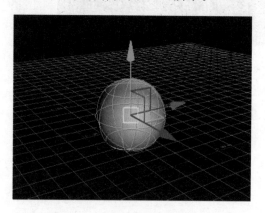
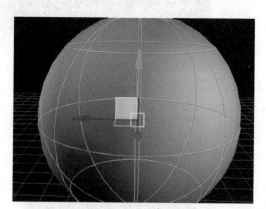

图 4.29　Translate 工具操作一　　　　图 4.30　Translate 工具操作二

4.4.4 Rotation

Rotation(旋转)工具的快捷键为 E,打开旋转工具后,对象上有红、绿、蓝三个圆圈,在圆圈上移动鼠标,可以使对象沿着相应的轴向旋转,而在任意两个圈之间拖动,则可以使对象在相应的两个轴向上旋转,其中红色圆圈为 X 轴,绿色圆圈为 Y 轴,蓝色圆圈为 Z 轴。Rotation 工具操作如图 4.31 所示。

视频讲解

Rotation 工具中的 Rotate Around 选项,可以自定义对象旋转的中心点。此外,在旋转时,还可以在工具栏上打开 Snap Rotation,在 Snap Rotation 中可以定义每次旋转的步长,打开之后,在旋转时,就可以每次增加或者减少一个固定的角度。

4.4.5 Scale Uniform

Scale Uniform(缩放)工具的快捷键为 R,打开 Scale Uniform 工具后,对象上沿 X、Y、Z 轴分别有红、绿、蓝三个方块,按住方块并拖动鼠标,可以使对象在该轴向上缩放。按住中心点的黄色方框并拖动鼠标,则可以使对象进行等比例缩放,其中红色方块对应 X 轴,绿色方块对应 Y 轴,蓝色方块对应 Z 轴,Scale Uniform 工具操作如图 4.32 所示。

视频讲解

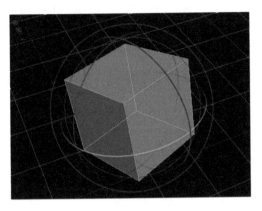

图 4.31　Rotation 工具操作

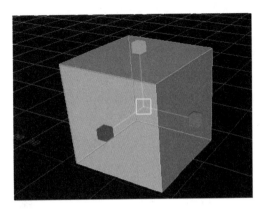

图 4.32　Scale Uniform 工具操作

在缩放工具中还有一个 Scale Volumetric 选项,它不同于等比缩放,在缩放的同时保持对象的体积不变,因此在一个轴向上放大的同时,剩余两个轴向会相应减小。

4.4.6　状态栏

状态栏在预览窗口的底部,其中左侧是进度条,它可以显示系统运行的进度,如场景打开时,可以看到打开的百分比,默认是显示 Ready(就绪)。右侧是坐标显示,第一个字段是 Gbl/Lcl,显示当前坐标系基准,后面则是 X、Y、Z 轴的坐标。在使用移动、旋转和缩放时,可以查看调整的坐标,也可以使用鼠标左键在数值上拖动以进行调整,还可以双击数字直接输入坐标值。状态栏如图 4.33 所示。

图 4.33　状态栏

4.4.7　Properties 窗口

状态栏可以给出所选对象的基本坐标,但是要查看对象更详细的情况,则需要使用 Properties(属性)窗口。在 Properties 窗口中,可以对查看和编辑所选对象的所有属性,并且可以编辑关键帧。Properties 窗口如图 4.34 所示。

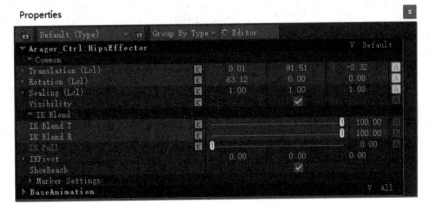

图 4.34　Properties 窗口

4.4.8 参照模式

在对场景中的对象进行操作时,通常是以场景的中心为基准,也就是以默认的场景中央为坐标原点,所有对象的坐标都以默认的 X、Y、Z 坐标为准,这就是 Global(世界)坐标系,快捷键为 F6。Global 坐标系如图 4.35 所示。

如果希望使用对象自身的中心,或者对象的父节点作为中心,可以使用 Local(本地)坐标系,快捷键为 F5。Local 坐标系如图 4.36 所示。

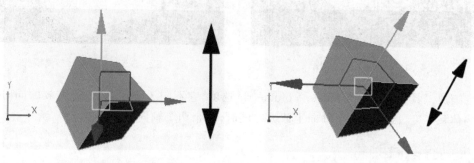

图 4.35 Global 坐标系　　　　　图 4.36 Local 坐标系

4.4.9 Object Mode

根据对象类型和层级的不同,MotionBuilder 给出了不同的 Object Mode(对象模式),默认的是 Model(模型)模式,快捷键为 Q。在 Model 模式下,可以选择对象、模型、曲线、标记、空对象和骨骼等。

Vertex(定点)模式快捷键为 V。Vertex 模式一般配合 Skins 窗口来使用。打开 Skins 窗口后,自动进入 Vertex 模式,可以选择角色皮肤上的任意节点。Vertex 模式如图 4.37 所示。

图 4.37 Vertex 模式

Pivot(中心点)模式快捷键为 Insert。在 Pivot 模式下,可以选择对象的 Pivot,并进行调整,这样对象在旋转时,可以围绕设定的 Pivots 来进行。Pivot 模式如图 4.38 所示。

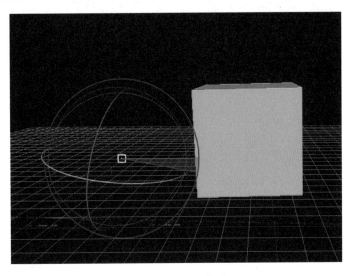

图 4.38　Pivot 模式

思考与练习

1. MotionBuilder 如何与其他三维软件进行数据交换?
2. 在 MotionBuilder 软件中如何调整视图?
3. 在 MotionBuilder 软件中如何操作对象?
4. 在 MotionBuilder 软件中,有哪些对象参照模式,有何区别?
5. 在 MotionBuilder 软件中,有哪些 Object Mode?

第 5 章

Chapter 05

[
MotionBuilder
动画基础
]

MotionBuilder 与绝大多数数字动画软件相同,使用关键帧的方式来制作动画,本章主要介绍在 MotionBuilder 中设置动画的基本方法。

5.1　Transport Controls 窗口

在 MotionBuilder 中设置动画,首先要用到的就是 Transport Controls(播放控制)窗口,播放控制窗口位于预览窗口的下方,各部分的功能如图 5.1 所示。

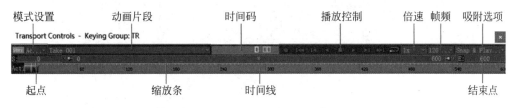

图 5.1　Transport Controls 窗口

1．时间线

时间线是播放控制窗口最主要的模块,在时间线上有一个指针滑块,它指向当前所在的帧,如果添加了关键帧,可以在时间线上查看并进行编辑操作。

2．模式设置

在模式设置中,可以选择打开或者关闭 Story(故事板)选项,打开故事板有 Action(动作)和 Edit(编辑)两种模式,而关闭故事板则只有默认的 Action 模式。Edit 模式可以结合 Story 面板来使用,在 Edit 模式下 Transport Controls 窗口会增加一条额外的时间线用于编辑操作。

3．动画片段

在 MotionBuilder 中,一个场景中可以有多个动画片段。在动画片段区域,会显示当前动画片段的名称,可以新建动画片段,也可以在有多个动画片段的情况下选择其他的动画片段。

4．时间码

时间码显示播放指针当前所在的时间。默认显示动画时间,并以帧的形式显示。在时间线上右击,并在弹出的菜单中选择 Time 命令,可以转换时间码显示模式。Show System Time 可以显示系统时间,Show as Timecode 可以用时间码的方式,也就是用时分秒的方式来显示,如图 5.2 所示。

5．播放控制

在播放控制区可以进行播放、停止、跳到开头或者结尾、单帧步进等操作。"录制"按钮是在有设备驱动动画的情况下使用,"循环"按钮可以激活或者取消循环播放。

6．倍速

倍速可以调整播放的速率,默认是 1 倍速。虽然系统提供了 10 倍速,但能否达到也要考虑计算机本身的运算速度。

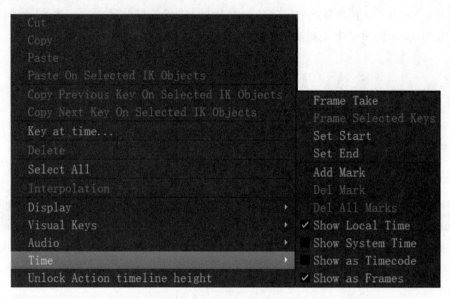

图 5.2　时间码显示方式

7. 帧频

帧频是每秒钟动画的帧数,默认是 24f/s,即每秒钟有 24 帧,这也是电影的帧频,同时也是帧频的下限,如果低于 24f/s,动画会出现不流畅的现象。

8. 吸附选项

吸附选项有四种,分别为 No Snap(不吸附)、Snap on Frames(吸附到帧)、Play on Frames(帧上播放)、Snap and Play on Frames(吸附并帧上播放)。不吸附时,可以将关键帧放置于帧与帧之间;吸附到帧是默认选项,当停止播放时,指针会停留到帧上,而不会停到两帧之间,在添加关键帧时,同样会加到帧上而不是帧间;帧上播放时仅播放每一帧的内容,而不会播放帧间的过度;吸附并帧上播放相当于结合前两个选项。因为默认使用吸附到帧,所以通常不会将关键帧添加到两帧之间,所以在播放时与吸附并帧上播放基本相同。

9. 起点和结束点

起点和结束点可以设置动画的起止时间码,进而确定动画的长度。在起点或者结束点的数字上双击,可以直接输入起止点的时间码。

10. 回放区控制条

回放区控制条用于调整时间上的起止点,来定义一个回放区。当动画的时长较长时,所有帧都集中在一起,时间线上的帧刻度过于密集,可能会导致关键帧无法显示,不易于操作。通过调整缩放条可以让动画部分显示在时间线上,这就是回放区。缩放条的大小显示了回放区占整个动画片段的比例。左右侧的蓝色小球则代表回放区的起点和结束点。直接拖动缩放条则可以对回放区的位置进行平移,如图 5.3 所示。

图 5.3　回放区控制条

5.2 Key Controls 窗口

Key Controls(关键帧控制)窗口用于为场景中的对象设置关键帧动画。Key Controls窗口各部分的功能如图 5.4 所示。

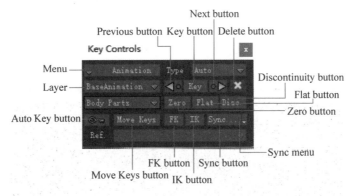

图 5.4 Key Controls 窗口各部分的功能

5.2.1 Menu

Menu(菜单)包括添加或者删除关键帧,对所选的属性进行烘焙以及选择动画片段和创建动画路径等功能,如图 5.5 所示。

选择 Key at time 会打开一个对话框,在对话框中可以直接输入时间码来创建一个关键帧。在 Key 按钮上右击同样也可以打开该对话框。

选择 Dynamic Editor 可以同时修改多个关键帧插值,如图 5.6 所示。

图 5.5 Key Controls 窗口的菜单

图 5.6 Dynamic Editor

Plot 有三个选项:Plot All(All Properties)烘焙全部对象的全部属性;Plot Selected(All Properties)烘焙选中对象的所有属性;Plot Selected(Selected Properties)烘焙选中对象的选中属性。

Clear 也有三个选项:Clear All(All Properties)清除全部对象的全部属性;Clear

Selected(All Properties)清除选中对象的所有属性；Clear Selected(Selected Properties)清除选中对象的选中属性。

Take Options 可以选择动画片段为 Normal(常规)或者 Multi take(多片段)模式。在常规模式下，新动画片段中如果有前一片段的对象，则该对象会继承前一片段中的位置。而在多片段模式下，一个对象的属性将会同时在多个片段中生效。

IK/FK Key Options 用于选择 IK/FK 相关的参数，也可以选择附加的 TR 插值的模式。

选择 Keying Group Info Options 会打开一个窗口，并显示所选择的关键帧模式下的关键帧信息，如图 5.7 所示。

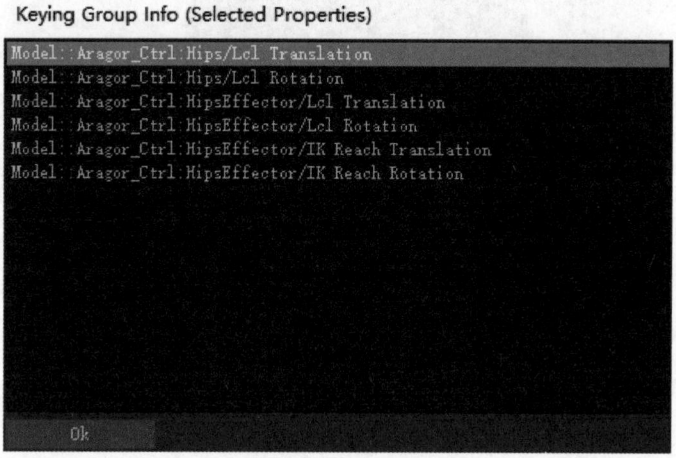

Keying Group Info (Selected Properties)
Model::Aragor_Ctrl:Hips/Lcl Translation
Model::Aragor_Ctrl:Hips/Lcl Rotation
Model::Aragor_Ctrl:HipsEffector/Lcl Translation
Model::Aragor_Ctrl:HipsEffector/Lcl Rotation
Model::Aragor_Ctrl:HipsEffector/IK Reach Translation
Model::Aragor_Ctrl:HipsEffector/IK Reach Rotation
Ok

图 5.7　Keying Group Info 窗口

Display Keying Group 可以用于 Properties(属性)、Dopesheet(关键帧清单)、和 FCurves(曲线)等窗口中，显示所选对象的详细信息，包括角色的控制器、约束、角色扩展等。

Creating Animation Path 用于创建可编辑的 3D 动画路径。

5.2.2　Key Interpolation Type 菜单

在 Key Interpolation Type(插值模式)菜单中可以选择关键帧的默认插值方式，如图 5.8 所示。

Key Controls
Animation
Type
Auto
AnimLayer1
TR
Zero
Move Keys
FK
Ref
Auto
Spline
SpClamp
Linear
Step
TCB
Smooth
SmClamp
Fixed

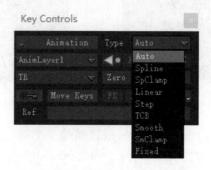

图 5.8　Key Interpolation Type 菜单

各种插值对应的功能如表 5.1 所示。

表 5.1　Key Interpolation Type 菜单功能

选　项	功　能
Auto	Auto 模式是一个三次曲线，可以通过与曲线相切的控制器或者角度和权重来进行调整
Spline	Spline 模式与时间无关，直接通过前后关键帧之间的斜率自动计算样条切线来插值
SpClamp	SpClamp 模式与时间无关，并组织插值超出最大值或者低于最小值
Linear	Linear 模式使用直线连接关键帧来插值
Step	Step 模式前一个关键帧的值会一直沿直线延续，到后一个关键帧再直线上升或者下降，这种模式关键帧之间不会有平滑的动画
TCB	TCB 模式使用埃尔米特·艾米插值
Smooth	Smooth 模式是基于时间的插值，根据时间变化平滑插值
Fixed	Fixed 插值是固定插值，因此插值不受相邻关键帧影响

5.2.3　Keying Mode 菜单

Keying Mode(关键帧类型)用于选择添加关键帧的类型，以及关键帧添加到对象的哪种属性。各种类型的描述如表 5.2 所示。

表 5.2　Keying Mode 菜单功能

类　型	描　述
T	添加 Translation(移动)关键帧
R	添加 Rotation(旋转)关键帧
S	添加 Scaling(缩放)关键帧
TR	添加 Translation(移动)和 Rotation(旋转)关键帧
TRS	添加 Translation(移动)、Rotation(旋转)和 Scaling(缩放)关键帧
Current Camera	为当前摄像机添加关键帧
Selected Properties	为所选属性添加关键帧

5.2.4　Layer 菜单

Layer(动画层)菜单用于创建新的动画层，或者在多个动画层之间切换。每一个动画会有一个默认的 BaseAnimation 层，而对动画层进行详细的设置则需要用到 Animation Layers 窗口。

5.2.5　Keyframe buttons

Keyframe buttons(关键帧按钮)可以添加或者删除关键帧，以及在关键帧之间跳转。也可以设置 zero、flat 或 discontinuous values 类型的关键帧。各个按钮对应的功能如表 5.3 所示。

表 5.3　关键帧按钮功能

按　钮	功　能
Key button	在当前时间码添加一个关键帧,如果有 * 号则表示当前时间码有关键帧
Previous and Next buttons	跳转到上一个或者下一个关键帧
Delete button	删除关键帧。如果当前时间码没有关键帧,则按钮呈灰色不可用
Zero button	添加一个零值关键帧
Flat button	添加一个平面切向的关键帧,在 FCurves 窗口中,平面关键帧的切向始终是水平的
Discontinuity button	添加一个不连续的关键帧,可以独立控制关键帧前后的变化
Auto Key button	激活后进入自动关键帧模式
Move Keys button	改变已有关键帧的移动或者旋转值,在 Auto Key button 激活时不可用
FK button	创建 FK 关键帧
IK button	创建 IK 关键帧
Sync and Sync All button	参照整个动画来修正可能出现的错误

Zero button 用于创建一个零值关键帧,如图 5.9 所示。

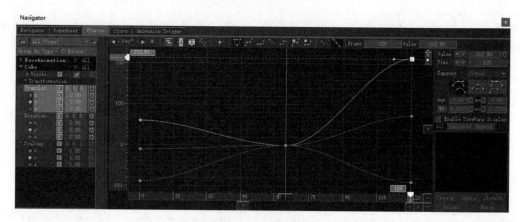

图 5.9　零值关键帧

Flat button 用于创建一个水平切向的关键帧,如图 5.10 所示。

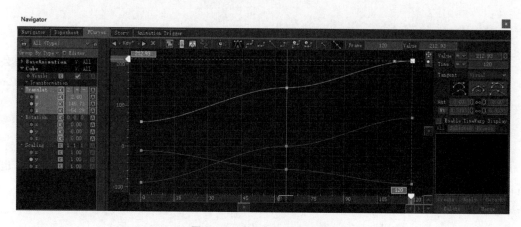

图 5.10　水平切向的关键帧

Discontinuity button 用于创建一个打断切向的关键帧,如图 5.11 所示。

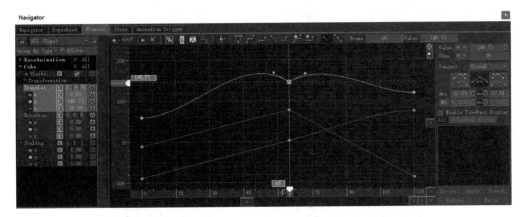

图 5.11　打断切向的关键帧

5.3　制作关键帧动画

关键帧通过记录对象在某一时间码上的参数值,在添加了两个或者两个以上的关键帧之后,系统会自动补足关键帧之间的空白帧的数值。

因此,制作关键帧动画时首先需要添加两个以上的关键帧,同时关键帧上对象的某一项属性发生变化,这样系统就会自动对中间的部分根据设定的插值方式进行插值。

5.3.1　为普通对象添加关键帧动画

首先在场景中创建一个对象,这里以 Cube(立方体)为例,在 Resources 窗口中选择 Asset Browser,在左侧的树形目录中,选择 Templates→Elements→Primitives,然后在右侧的面板中选择 Cube,并使用鼠标左键将其拖动到预览窗口中,创建一个立方体。

在时间线上将指针放在 0 帧,然后在 Key Controls 窗口中,将插值模式设置为 Auto,动画模式设置为 TR,单击 Key 按钮创建一个关键帧,如图 5.12 所示。

将指针移动到 120 帧,再次单击 Key 按钮创建第二个关键帧。也可以使用 Key at time 直接输入时间码来创建,如图 5.13 所示。

图 5.12　添加关键帧

图 5.13　输入时间码

此时单击播放按钮并没有形成动画,因为两个关键帧上立方体的状态是相同的。使用 Next 或者 Previous button 将指针移动到 120 帧的关键帧上,使用移动工具调整立方体的位置,然后单击 Key 按钮。再次单击播放按钮,此时可以发现立方体会从最初的位置移动到在第二个关键帧上所设置的位置。这样就完成了一个最简单的关键帧动画,如图 5.14 所示。

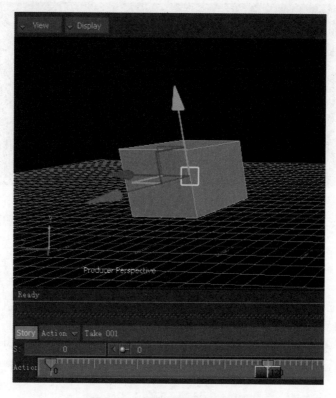

图 5.14　完成后的关键帧动画

在关键帧上修改属性,首先要将指针移动到关键帧上,在修改了属性之后,还要再次单击 Key 按钮来确定修改。如果打开了自动关键帧按钮,则在修改了属性后,不需要再次单击 Key 按钮,如果指针不在关键帧上,还可以自动添加一个新的关键帧,非常方便。

5.3.2　使用 FCurves 窗口制作关键帧动画

使用 FCurves 窗口可以为场景中的对象添加关键帧动画。对于三维动画而言,动画往往比较复杂,涵盖了对象的移动、旋转和缩放等,如果是角色动画,则更加复杂。为了更好地观察关键帧的各个属性以及插值的变化,可以使用 FCurves 窗口。FCurves 窗口可以分为五个功能区,分别是曲线属性、曲线工具栏、曲线选项、曲线和时间弯曲等,如图 5.15 所示。

在三维场景中,无论多么复杂的动画,都可以分解为对象在三维空间中位置、大小和旋转等属性变化的结合。或者说任何复杂的动画,都是由一种一种属性的变化叠加起来实现的。

在曲线属性中,可以非常直观地查看每一种最基本的属性,最常用的就是 TRS,也就是 Translation、Rotation、Scaling,有时不会改变对象的大小,所以就可以只用 TR,此外也可以单独改变 T、R 或者 S。TRS、TR、T、R、S 这五种就是之前在关键帧面板中所选择的动画类型。

曲线属性　　　　　　　　　　　曲线工具栏　　　　　　　　　　　曲线选项

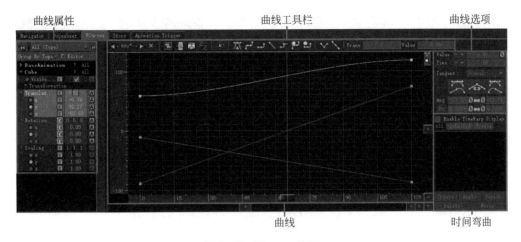

曲线　　　　　　　　　　　　　　　　　　　时间弯曲

图 5.15　FCurves 窗口

在曲线属性中，在 T、R、S 下面给出了相应的 X、Y、Z 值，以及独立的 Key 键，在 FCurves 窗口中可以为每一种属性添加 X、Y、Z 值的关键帧，并且可以非常直观地观察到 X、Y、Z 值的变化情况。

这里首先来做一个最简单的动画，使立方体沿着 X 轴移动。首先在场景中添加一个立方体。将指针指向 0 帧，在曲线属性的 Translation 中单击 X 右边的 K 按钮，创建一个关键帧，然后将指针移动到 120 帧，再次单击 K 按钮创建第二个关键帧，如图 5.16 所示。

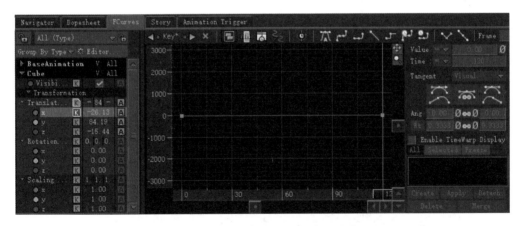

图 5.16　在 FCurves 窗口中添加关键帧

此时在曲线中能看到一条直线，且在场景中播放时立方体没有运动。在曲线中的两个节点代表关键帧，用鼠标选中右侧的关键帧，并且向上移动，直到曲线选项中的 Value(值)变为 200，也可以双击 Value 值进行输入，此外也可以在属性中直接修改 X 的值。这样立方体的动画就完成了，而在曲线中可以观察到两个关键帧之间形成了一条曲线，如图 5.17 所示。

这里由于选择的是自动插值方式，在两个关键帧之间的连线是一条样条曲线，并且两个关键帧上的切向是水平的，这样做的目的是让运动看起来更加真实。在运动的开始有一个加速的过程，而在结束之前有一个减速的过程，如果是用 linear(线性)的方式，则运动从开始到结束始终是匀速的，不符合生活实际。因此在曲线中，可以更加直观地观察和调整动画的

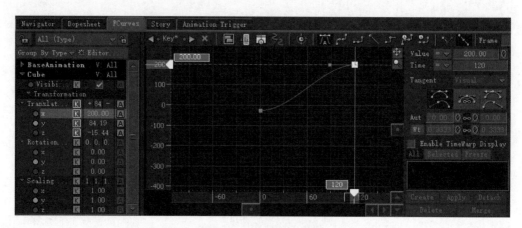

图 5.17　完成后的曲线

中间插值。

　　在曲线属性中，可以根据需要来选择显示的属性类型，默认是全部显示，也可以选择显示 TRS、TR 或者单独显示 T、R、S。在关键帧面板中设置的关键帧类型，会在属性面板中以绿色显示，如果选择 TR，则 Translation 和 Rotation 属性会显示绿色。

　　动画记录的是对象属性随着时间的变化情况，所以在曲线显示区，是一个二维坐标系，水平坐标是时间，垂直坐标则是属性值，在水平坐标上有一个指针，它的作用和 Transport Control 面板中的指针完全相同，可以指定当前的时间码。

　　为了更好地观察曲线，需要对曲线的显示区做一些基本的调整。在曲线显示区，按住 Alt 键，使用鼠标右键拖动，可以进行缩放，而使用中间拖动，则可以进行平移操作。在曲线区的右上方也提供了平移和缩放按钮，同样可以进行平移和缩放。曲线区的下方和右侧的滑块同样可以在水平和垂直方向进行平移，如图 5.18 所示。

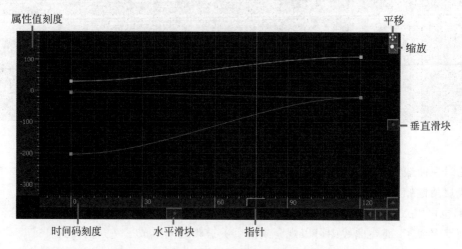

图 5.18　曲线显示调整

　　为了更好地显示曲线，还需要结合曲线工具栏来进行调整。工具栏上的工具分为六个区，如图 5.19 所示。

关键帧工具　　　曲线显示　　时间重置　　　曲线切向　　　　打断切向　　　　　属性显示

图 5.19　FCurves 工具栏

在调整显示时,主要用到了曲线显示区的工具,各工具的功能如表 5.4 所示。

表 5.4　曲线显示区的工具及功能

工 具 图 标	工 具 名 称	功　　能
	Frame all	显示所有关键帧
	Frame playback range	显示回放区的所有关键帧(回放区在动画控制窗口通过缩放条定义)
	Center the view about the current time	让当前的时间码居中显示
	Isolate Curve	只显示选中的曲线

如果在对曲线区域进行缩放或者平移后,发现找不到曲线,最快速的办法就是选择 Frame all 工具,迅速让曲线恢复显示。

5.3.3　在 FCurves 窗口中调整关键帧插值与切向

在前面使用关键帧面板来添加关键帧时,可以选择关键帧的插值模式,而在 FCurves 窗口可以对插值和关键帧的切向做更详细的调整。在调整插值和切向时,主要用到了曲线选项以及曲线工具栏的曲线切向和特殊切向工具区。

什么叫作动画的插值?前面介绍过,动画就是对象的某种属性随着时间变化的记录,而插值就是属性随时间变化的规律。例如对象从 0 到 100 帧,X 轴的位置从 0 移动到 200,如果对象是匀速运动,则对象会按照每帧移动 2 个单位来运动。如果按照这一规律来插值,就是 linear(线性插值),因为在曲线中,这样的插值方式得到的就是一条直线。这种插值方式算法比较简单,但以这样的方式来运动,是不符合生活实际的。真正的运动应该是从静止到匀速运动有一个加速的过程,而从运动到静止有一个减速的过程,不可能一开始就匀速运动,或者运动过程中突然停止,想必大家都能理解。所以通常在插值时使用了曲线的方式,让对象有加速和减速的过程,这样运动看起来更加平滑、真实。在曲线中,可以使用样条 Spline(曲线)或者 Smooth(平滑)的方式来实现。此外还有一种插值方式,它让对象的属性值一直保持不变,直到下一个关键帧,属性值直接改变,例如对象从 0 到 100 帧,X 轴的位置从 0 移动到 200,从 0 帧到 99 帧,属性值一直保持 0,而到 100 帧时,直接变为 200。这样的插值方式,相当于中间没有过渡,因为是突变,所以会有明显的跳跃感,在曲线中,这样的插值方式得到的是类似方波的图形,这就是 Step(步进)。

工具栏中工具一方面可以设置关键帧的插值模式,另一方面可以设置关键帧的切向,各个工具的功能如表 5.5 所示。

表 5.5　曲线工具栏

工具图标	工具名称	功　能
	Auto tangents	自动切向（水平）
	Spline tangents	样条线切向
	Spline Clamp tangents	样条线切向（向前）
	Linear tangents	把插值改为线性
	Step tangents	把插值改为步进
	Smooth tangents	平滑切向
	Smooth Clamp tangents	平滑切向（向前）
	Break tangents	打断切向
	Unify tangents	统一切向

选中关键帧后，选择相应的工具就可以改变关键帧的插值方式以及切向类型，也可以直接通过关键帧上的手柄来调节。

实现一个动画，至少需要两个关键帧，起点和结束点，它们分别只有一个方向的切向，如果添加第三个关键帧，则有前后两个方向的切向可以控制，如图 5.20 所示。

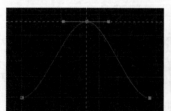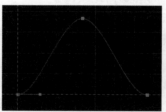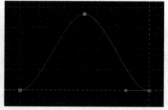

图 5.20　关键帧切向

切向的控制可以通过工具自动调节，也可以通过鼠标控制切向手柄来调节。默认情况下，一个关键帧前后的切向是统一的（Unify tangents），如果需要单独调节关键帧前后的切向，可以使用打断切向（Break tangents）工具，这样关键帧前后的切向就可以独立调节，如图 5.21 所示。

曲线选项窗口提供了更加具体的切向设置，如图 5.22 所示。

属性值和时间码与工具栏上相同，单击打断切向按钮可以打断切向，再单击一次可以统一切向，在打断切向后，可以分别设置左右侧的切向为水平，或者与左侧或右侧的关键帧相切，还可以直接输入切向的角度来改变切向。权重设置可以调整切向影响的范围，默认为关闭。

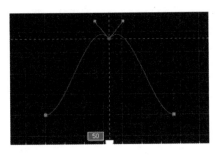

图 5.21　打断切向

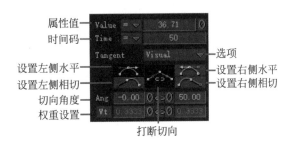

图 5.22　曲线选项窗口

1. Transport Controls 窗口中有哪些功能？
2. Key Controls 窗口中有哪些功能？
3. 在 MotionBuilder 软件中如何添加关键帧？
4. 什么时候插值？MotionBuilder 软件有哪些插值方式？
5. 在 MotionBuilder 软件中，如何使用 FCurve 来建立关键帧动画？

第6章

Chapter 06 [角色处理]

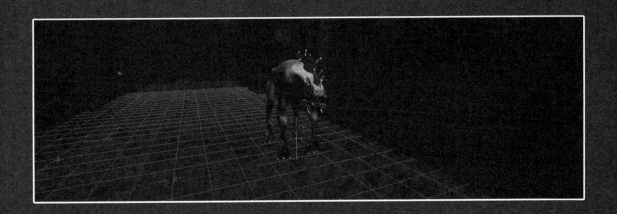

要制作角色动画,首先应建立角色模型,然后设置角色的骨骼和蒙皮。MotionBuilder的主要功能是动画制作,但是其建模功能比较有限。为了更好地完成角色动画,MotionBuilder 具有强大的兼容性,可以导入绝大多数建模软件所制作的模型,包括 Maya、3ds Max 等。MotionBuilder 的标准文件格式为 FBX,为了方便 Autodesk 娱乐创作套件的各个软件之间实现更紧密的集成,Autodesk Maya 软件、Autodesk 3ds Max 软件、Autodesk Softimage 软件、Autodesk Mudbox 软件等都可以以插件的方式实现对 FBX 格式文件的支持,FBX 文件甚至成为不同三维软件之间互通的标准文件格式,因此 MotionBuilder 可以以 FBX 格式导入其他三维软件的模型,也可以以 FBX 格式将制作完成的动画文件导出到其他三维软件中。

不过需要注意的是,使用不同软件和方法制作的角色,其骨骼的结构和命名会有一定的差异,如果是按照 MotionBuilder 的标准来建立骨骼,则可以直接到 MotionBuilder 中来使用,而如果是使用其他方法制作的骨骼,则不一定会被 MotionBuilder 识别,需要在 MotionBuilder 中做进一步的处理。在本书中,以 Maya 为例来进行介绍。

6.1 在 Maya 中为角色添加骨骼蒙皮和权重

Maya 软件是 Autodesk 旗下的著名三维建模和动画软件,除了可以进行角色和场景建模外,还具备强大的角色动画和骨骼装配能力。利用 Maya 可以迅速为角色建立骨骼,并完成平滑蒙皮。

6.1.1 添加骨骼

首先,在 Maya 中打开制作好的角色,这里需要注意的是,制作的角色一定是 T-Pose 的状态,也就是两手水平伸开,两脚自然开立的状态,如图 6.1 所示。 视频讲解

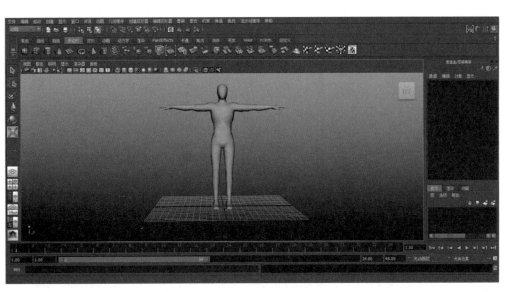

图 6.1 在 Maya 中打开制作好的角色

按键盘上的 4 键进入 wireframe(线框)模式,如图 6.2 所示。

图 6.2　线框模式

然后在 skeleton(骨架)菜单中选择 HumanIK,打开"角色控制"面板,如图 6.3 所示。

图 6.3　"角色控制"面板

单击创建骨架,如图 6.4 所示。

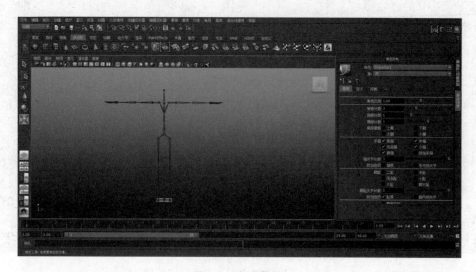

图 6.4　创建骨架

　　创建的骨架与角色的大小不一致,所以需要调整尺寸,使得骨骼的大小与制作的角色一致,在角色控制面板中,设置骨架面板中的角色比例,缩小骨架。对于不同类型的角色,还可以根据需要去调整骨骼的细节,直接在骨架面板上调整即可,如图 6.5 所示。

　　缩小后的骨架如图 6.6 所示。

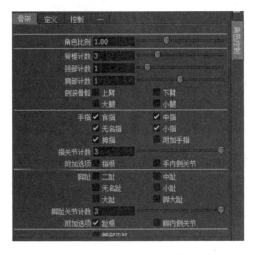

图 6.5　角色比例调整

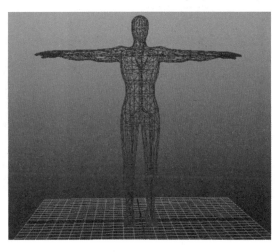

图 6.6　缩小后的骨架

　　接下来,还要继续调整骨骼的细节,使它更加贴合角色。在调整时,最好切换到三视图,便于观察,如图 6.7 所示。

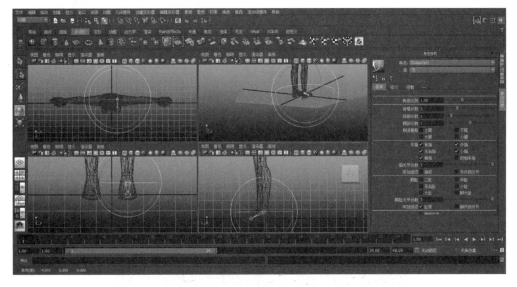

图 6.7　在三视图中调节骨架

　　由于角色是对称的,因此只需要调整角色的左半部分,单击"角色控制"面板左上角的蓝色按钮,选择编辑→骨架→左→右镜像,即可将调整好的骨骼从左边复制到角色的右半部分,如图 6.8 所示。

　　最终完成的角色如图 6.9 所示。

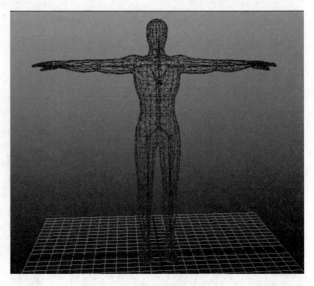

图 6.8　骨骼镜像　　　　　　　　　　图 6.9　调整好骨骼的结果

6.1.2　设置蒙皮和权重

选择角色的皮肤，然后按住 Shift 键，单击骨骼的根节点（臀部），将骨骼加选进来，如图 6.10 所示。

选择蒙皮菜单中的绑定蒙皮→平滑绑定，蒙皮后皮肤会呈现品红色，取消选择后，骨架呈现彩色渐变，如图 6.11 所示。

视频讲解

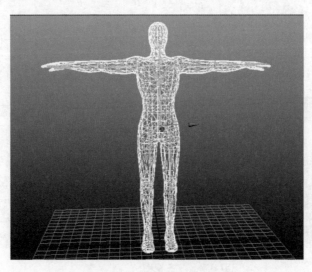

图 6.10　选择皮肤和骨骼

此时，蒙皮已经形成，骨骼已经可以带动皮肤运动，但是计算机自动进行的蒙皮，存在着不小的瑕疵，需要进一步修正，如转动手臂时，腋下的皮肤也被带动了，如图 6.12 所示，这就需要我们来调整。

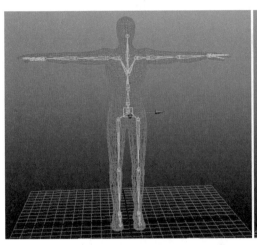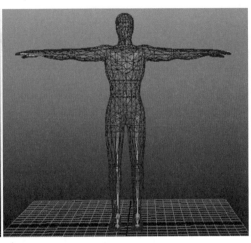

图 6.11　平滑蒙皮后的结果

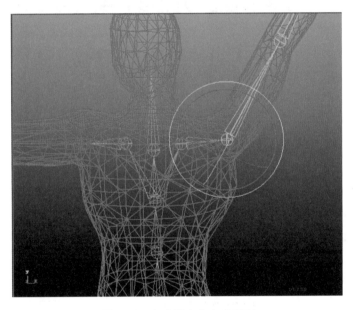

图 6.12　自动蒙皮存在的问题

　　调整的方法是通过笔刷，手动控制某一骨骼对相应皮肤的影响，称之为权重。选择蒙皮→编辑平滑蒙皮→绘制蒙皮权重工具，如图 6.13 所示。

　　为了观察权重的影响，需要按 5 键进入着色模式，单击选中皮肤，然后单击笔刷工具，就可以观察权重的状态，如图 6.14 所示。

　　在工具设置中，首先选择要调整权重的骨骼，这里选择 LeftShoulder，把绘制操作设置为替换，如图 6.15 所示。

　　调整时，可以按住 B 键，同时拖动鼠标左键调整笔刷的大小，如图 6.16 所示。

　　调整值的大小决定是增加还是去掉权重，其中 1 为增加权重，0 为去掉权重。可以适当改变不透明度，让刷上去的权重更加平滑，如图 6.17 所示。

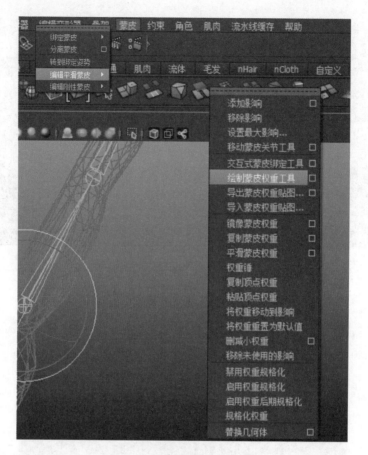

图 6.13　绘制蒙皮权重工具

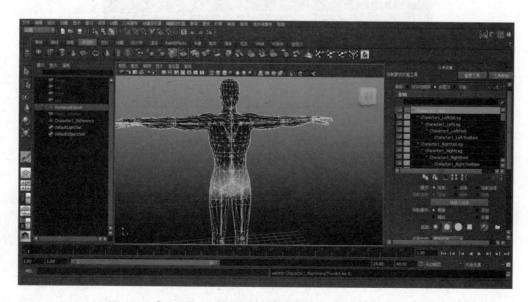

图 6.14　权重观察

图 6.15　蒙皮权重工具选项

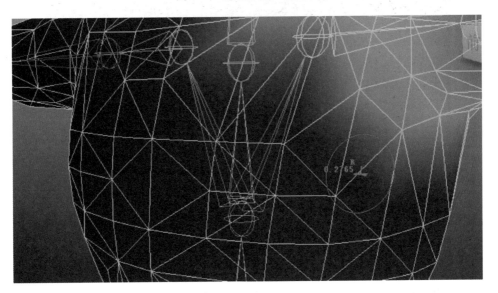

图 6.16　调整笔刷大小

图 6.17　调整笔刷选项

刷权重需要一定的耐心和毅力,需要反复进行观察,确保骨骼能够正确地带动蒙皮,否则就会对后期的动画制作带来无法挽回的影响。刷好权重后的角色就可以保存留用了。

在完成之后,将文件导出为 FBX 格式,因为 Maya 的文件格式是不能在 MotionBuilder中使用的。

6.2 非标准命名骨骼的角色化

如果角色不是按照 MotionBuilder 标准命名,则很可能不被 MotionBuilder 所识别,Maya 和 MotionBuilder 有着相同的骨骼命名法则,如果不是按照这一命名规则,需要进行角色化处理。角色化处理的实质就是对骨骼的名称与 MotionBuilder 标准模板进行映射,以实现对骨骼的识别。

6.2.1 调整角色的姿势

在建立骨骼映射之前,应该保证角色处在场景的正中并朝向场景的正前方,并保证角色的姿势处于标准的 T-Pose,也就是 Z 轴的正方向。如果角色的姿势不是 T-Pose,则需要进行调整。

视频讲解

在 MotionBuilder 中打开要处理的角色,如图 6.18 所示。

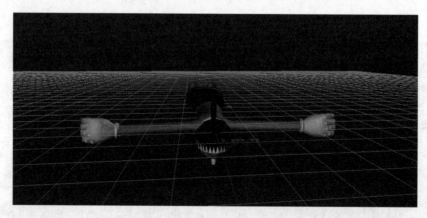

图 6.18 在 MotionBuilder 中打开角色

首先可以看到打开的角色的朝向不对,因此需要调整。将视口切换到前视图,使用旋转工具调整角色的朝向,使角色面向正前方,也就是 Z 轴的正方向。选中角色的根节点,选择旋转工具,然后在预览窗口右下方的状态栏中将 X、Y、Z 的值全部改为 0 并确认,将角色旋转到面向 Z 轴正方向,调整后的角色如图 6.19 所示。

再次选中角色的根节点,然后选择移动工具,同样在预览窗口右下方的状态栏中将 X、Y、Z 的值全部改为 0 并确认,将角色移动到面向场景正中央,这样打开顶视图,可以观察到角色的状态如图 6.20 所示。

接下来在前视图中使用移动工具微调角色,使得角色的脚部和地面接触,如图 6.21所示。

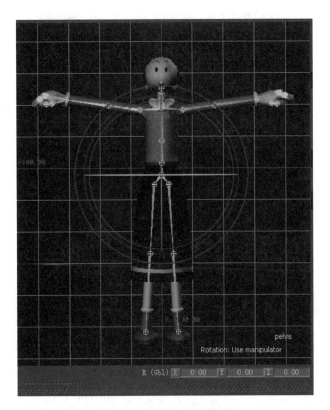

图 6.19　在前视图中观察角色

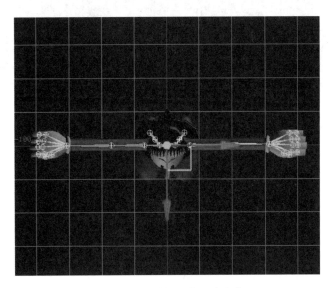

图 6.20　在顶视图中观察角色

调整角色的姿势,使角色保持标准的 T-Pose,角色的手臂应保持与 X 轴平行,选择角色手臂的根节点,并选择旋转工具,在预览窗口右下方的状态栏中将 X、Y、Z 的值全部改为 0 并确认,如图 6.22 所示。

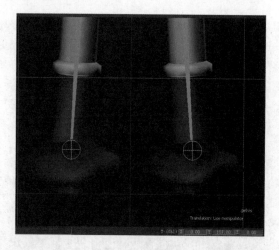

图 6.21　调整脚部

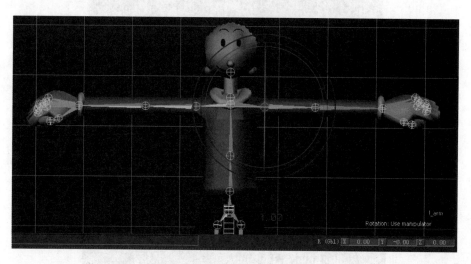

图 6.22　调整角色的姿势

6.2.2　建立骨骼映射

视频讲解

　　由于角色的骨骼在建立时,命名方式不同,导致 MotionBuilder 不能直接识别,需要先对骨骼进行映射。在 MotionBuilder 中,骨骼由必要的组件和其他附件组成,其中 Base 属于必要组件,Base 中的骨骼缺一不可,包括臀部、脊柱、四肢和头部等,如图 6.23 所示。

　　其余部分则属于自选骨骼,根据角色的具体情况进行适配,如脊柱的段数、手指、脚趾等,如图 6.24 所示。

　　可以按 Ctrl＋W 键,进入组织结构图模式来观察这个角色的命名方式,如图 6.25 所示。

　　可以看到,角色的命名方式与 MotionBuilder 模板并不匹配,所以不能被 MotionBuilder 识别,需要做的是将角色的每一块骨骼与 MotionBuilder 的模板一一对应起来。在 Character Controls 面板中,单击 Define 中的 Skeleton 按钮来定义骨骼,如图 6.26 所示。

图 6.23 MotionBuilder 必要骨骼

图 6.24 MotionBuilder 选配骨骼

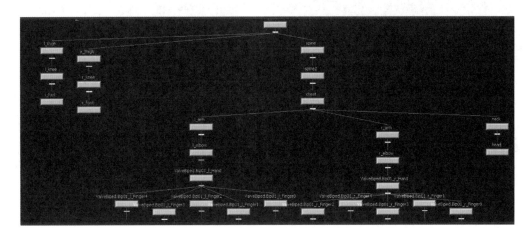

图 6.25 组织结构图

在弹出的 Create Control Rig 对话框中单击 Define 按钮,如图 6.27 所示。

图 6.26 定义骨骼

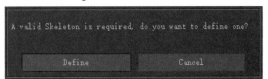

图 6.27 定义骨骼选项

定义的过程就是在 Viewer 窗口中选择角色身上的骨骼,同时在 Character Controls 面板中,找到对应的一块骨骼并右击,在弹出的菜单中选择 Assign Selected Bone 进行映射,如图 6.28 所示。

在默认状态下,系统会自动进行左右镜像,因此对称的骨骼如手和脚,会自动进行左右镜像,只需要指定一边即可。而在分配脊柱、肩膀、颈部和手指的时候,则需要进入局部视图进行分配,在定义手部骨骼时,需要特别注意分清左右手,如图 6.29 所示。

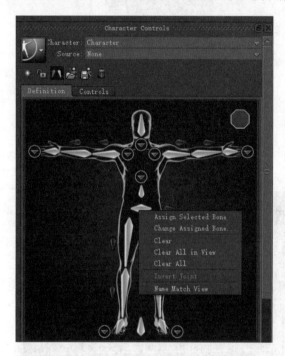

图 6.28　在 Character Controls 窗口中映射骨骼　　　　图 6.29　定义手部骨骼

依次将骨骼一一分配,完成状态如图 6.30 所示。

右上角的 Validation Status 状态灯有三种情况,红色代表必要的骨骼缺失,黄色代表角色多的姿势不是标准 T-pose,这与之前在 Maya 中一样,需要对黄色的骨骼进行检查,使手臂平行于 X 轴。这里切换到前视图和俯视图进行调整,一定要在两个视图中都能保证手臂平行于 X 轴。调整之后 Validation Status 状态灯变为绿色,如图 6.31 所示。

在 Defination 窗口中右击,在弹出的菜单中选择 Name Match View,可以使用名称匹配的方式来进行分配,此时,角色将以树状目录来显示每一块骨骼的名称,以及与之相对应的角色的骨骼名称,并通过左侧的圆形图标来提示当前骨骼的状态,红色代表缺少必要的骨骼,黄色代表骨骼状态不符,灰色则代表未定义当前骨骼,如图 6.32 所示。

在角色中,Base 中的骨骼是必需的,如果缺少任意一块,都不能完成角色的定义。在 Name Match View 中的 Validation Status 中会提示哪些地方有问题导致不能完成定义。完成映射之后,在工具栏中选择 Lock Character,锁定角色,如图 6.33 所示。

然后在弹出的对话框中单击 Biped 即两足动物,如图 6.34 所示。

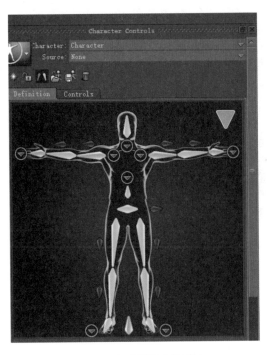

图 6.30 完成骨骼分配状态

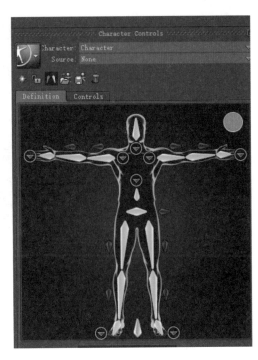

图 6.31 Validation Status

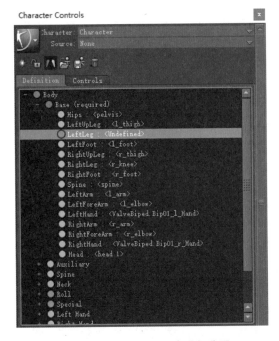

图 6.32 在 Defination 中进行分配

创建角色 镜像骨骼 保存定义

锁定角色 导入定义 删除定义

图 6.33 Character Controls 工具栏

图 6.34 选择角色化类型

到这里,角色化已经完成,可以在 Navigator 窗口中看到我们建立的角色,如图 6.35 所示。

图 6.35　在 Navigator 窗口中查看新建的角色

在这里所完成的角色化工作,其本质是将角色本身的骨骼名称和 MotionBuilder 的标准命名方式进行一一对应,如果需要批量处理同一命名方式的骨骼,则可以先定义其中一个角色,然后将这个角色的定义方式保存下来,在工具栏中选择 Save Skeleton Defination 以保存骨骼定义,这样在打开其他角色时,就可以选择 Load Skeleton Defination 来导入这种定义,迅速完成角色化的工作。

6.2.3　使用 Character Definition 窗口定义角色

视频讲解

角色化的目的是把角色的骨骼和标准模板一一对应起来,使用"角色控制"面板中的角色化工具以一种可视化、直观的方法显示角色的每一块骨骼,然后来建立关联,而使用 Character Definition(角色定义)中的 Mapping(映射)功能则是以类似表格的方式给出了角色骨骼的模板。

使用 Character Definition 窗口定义角色的步骤,和使用 Character Control 大致相同,在选择了定义骨骼之后,打开 Navigator 窗口,并双击建立的角色,进入 Character Definition 窗口,就可以查看到角色映射,如图 6.36 所示。

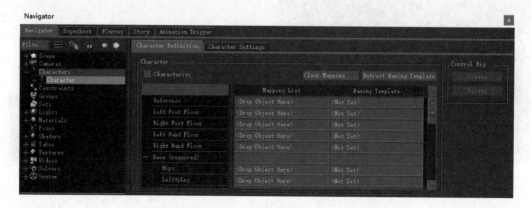

图 6.36　在 Character Defination 中查看角色映射

在 Character Mapping 区域的左侧就是模板中的骨骼名称,而右侧则是与之对应的角色的骨骼。在定义时,选中对应的骨骼,然后按住 X 键的同时,用鼠标左键将其拖曳到右侧的 Mapping List 中相应的地方即可完成映射。

完成了所有的映射之后,勾选 Characterize,即可完成角色化。使用角色映射角色化与使用角色控制窗口完全相同,如果出现角色不是标准 T-Pose 时,同样也不能完成角色的锁定。

6.3 标准命名骨骼的角色化

视频讲解

标准命名的骨骼是在 Maya 中创建,或者按照 MotionBuilder 软件标准的命名规则创建的,在 MotionBuilder 中可以直接识别。在 MotionBuilder 中打开角色,在 Asset Browser 中选择 Templates 下的 Characters,如图 6.37 所示。

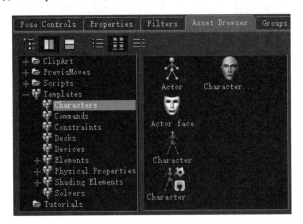

图 6.37 在 Asset Browser 中选择 Characters

选择右侧的 Character 图标,并按住鼠标左键将其拖曳到角色的 Hips 骨骼上,如图 6.38 所示。

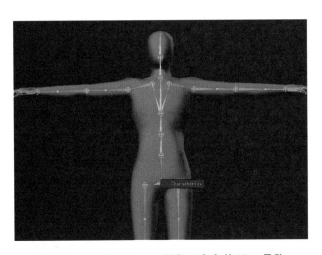

图 6.38 拖动 Character 图标至角色的 Hips 骨骼

然后单击 Characterize，选择两足动物 Biped。此时角色化已经完成，单击 Navigator 窗口左侧的 Characters，在其中可以查看到新的角色，名字为 Character，如图 6.39 所示。

在 Character 上右击，选择 Rename，为角色重新命名，以免混淆，如图 6.40 所示。

图 6.39　在 Navigator 窗口查看创建的角色　　　图 6.40　在 Navigator 窗口重命名角色

重命名后如图 6.41 所示。

图 6.41　重命名结果

6.4　角 色 控 制

角色化后的角色可以利用骨骼实现基本的角色控制，但是在控制上存在一定的局限，它只能在每一个骨骼节点上进行旋转，而不能进行移动操作，因此很难做出精确的动作。要实现对角色更精确的控制，就要为角色添加控制器。

对于两足动物，可以添加 FK 或 IK 两种类型的控制器，也可同时添加 FK 和 IK 控制器。IK 控制器的全称是 Inverse Kinematics（反向动力学），使用子节点的运动来带动父节点的运动。而 FK 控制器的全称是 Forward Kinematics（正向动力学），使用父节点来带动子节点的运动。

6.4.1　创建控制器

角色化完成之后，可以直接为角色添加控制器，在角色控制窗口中，单击左上角的按钮，选择 Create Control Rig，然后选择需要的控制器类型，通常选择

视频讲解

FK/IK，如图 6.42 所示。

　　创建控制器之后，可以在 Viewer 窗口中查看到角色身上的控制器，如图 6.43 所示。

　　IK 控制器为球状，颜色为蓝色，而 FK 控制器为杆状，颜色为黄色，但是绝大多数 IK 控制器颜色为红色，因为 FK 控制器和 IK 控制器重合了。可见，IK 控制器主要集中在角色的关节处，而 FK 控制器则基本与角色本身的骨骼重合。

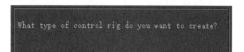

图 6.42　选择控制器类型

　　在 Character Controls 窗口的 Control 面板中也可以看到创建的控制器，如图 6.44 所示。

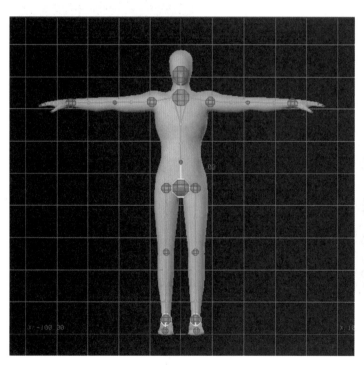

图 6.43　在 Viewer 窗口中查看创建的控制器

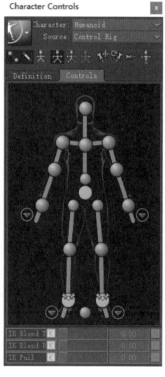

图 6.44　在 Character Controls
窗口中查看控制器

　　同样 IK 控制器为球状，而 FK 控制器为杆状，在调整角色动作时，可以直接在这里选择相应的控制器，非常方便。

　　在 FK/IK 模式下，所有的 IK 控制器都可以通过 Controls 面板调整 IK Blend 和 IK Pull，来决定 FK 和 IK 的相对比例和 IK 的权重，如图 6.45 所示。

图 6.45　权重调整

　　例如，当 IK Blend T 的值为 100 时，则角色的 Translation 动作遵循 IK 系统；IK Blend T 的值为 0 时，则动作遵循 FK 系统；而取值在 0～100 时，则动作同时受 IK 和 FK 系统影响，取值越大，越靠近 IK，取值越小,则越靠近 FK。在 Character Controls 窗口中,如果控制器使用 IK,则控制器为灰色,如果控制器使用 FK,则为绿色。颜色所占的范围表示取值的高低,控制器的左边代表 Translation,而右边代表 Rotation。假设一个 IK 控制器选择了 IK Blend T 的值为 100,则控制器的左侧为绿色,如图 6.46 所示。

IK Pull 的取值决定了 IK 控制器对于其他节点的影响权重,通常取默认值 100,即完全影响。

在角色映射面板上也可以创建控制器,在 Control Rig 中单击 Create 按钮,如图 6.47 所示。

在 Viewer 窗口中,将 Display 模式设置为 X-Ray,可以查看到角色身上的控制器。控制器默认以 Stick 的模式显示,IK 节点为球状,而 FK 节点为杆状。在角色控制窗口的菜单中,选择 Edit→Controls→Rig Look,可以选择控制器的外观,如图 6.48 所示。

控制器的外观有三种,默认是 Stick,也就是杆状,此外也可以选择 Wire(线状)和 Box(块状),如图 6.49 和图 6.50 所示。

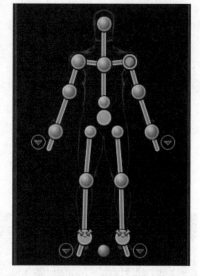

图 6.46 在 Character Controls
窗口中查看权重影响

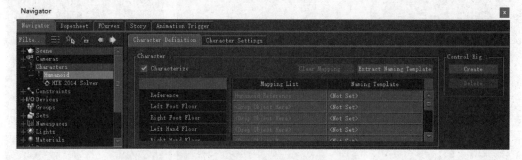

图 6.47 在角色映射面板创建控制器

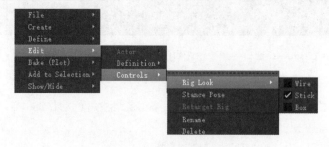

图 6.48 选择控制器外观

这里要注意在创建控制器的同时,也会创建一个角色的 Reference(参考点),角色的 Reference 一般是在场景的中心。所以在创建控制器之前,要保证角色在场景的中心位置,否则会导致 Reference 脱离角色。Reference 是所有控制器的根节点,利用它可以对角色进行整体的移动,如图 6.51 所示。

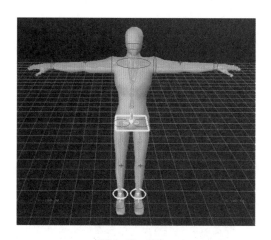

图 6.49　Wire

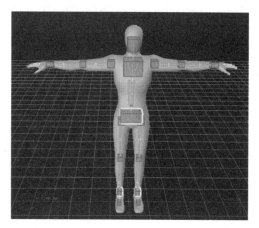

图 6.50　Box

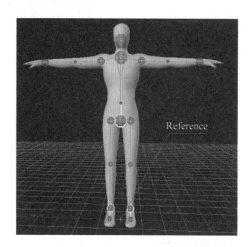

图 6.51　Reference

　　在 Schematic 显示模式中,同样可以看到 IK 节点为蓝色,而 FK 为黄色,红色节点代表 IK 和 FK 重合。角色的控制器和骨骼是两个独立的系统,具有不同的根节点,控制器的根节点是角色的 Reference,如图 6.52 所示。

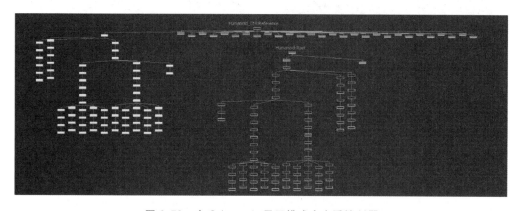

图 6.52　在 Schematic 显示模式中查看控制器

在 Character Controls 窗口中的工具栏里，可以选择打开或者关闭 FK/IK 以及角色骨骼的显示，在使用 FK/IK 控制器时，默认骨骼是不显示的，如图 6.53 所示。

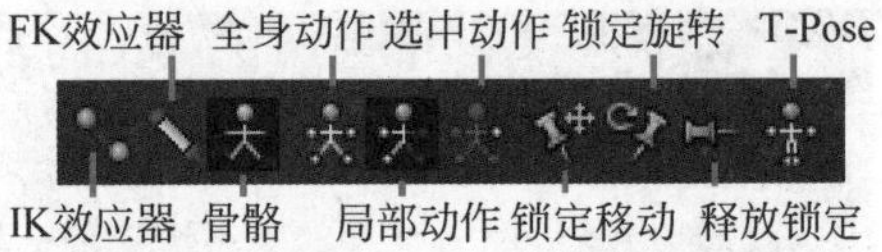

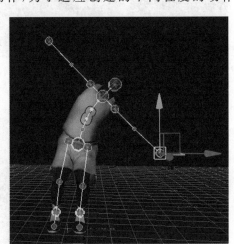

FK效应器　全身动作 选中动作 锁定旋转　T-Pose

IK效应器　骨骼　局部动作 锁定移动 释放锁定

图 6.53　Character Controls 工具栏

6.4.2　角色动作分类

在创建了控制器之后，可以使用控制器来改变角色的动作，由于使用了 IK 控制器，所以在创建角色动作时，子节点会影响到父节点的动作，为了适应创建的不同程度的动作，MotionBuilder 给出了三种动作分类：全身动作、局部动作和选择动作。在选择全身动作时，IK 控制器的子节点会带动全身运动，如手腕、头部、脚踝等；若选择局部动作，则是身体的各个局部，包括手臂、腿部、头部等，子节点带动局部运动而不会影响到全身；而选择动作则仅限于选中控制器的运动，因此对于 IK 控制器而言，几乎不能实现，所以通常用于 FK 控制器，如图 6.54、图 6.55 和图 6.56 所示。

在为角色添加动画时，可以根据需要选择不同的动作分类，而在为动作添加关键帧时，为了以示区别，不同类型的动作关键帧颜色会有所不同。全身动作的关键帧为红色，局部动作的关键帧为绿色，而选择动作的关键帧和普通对象的关键帧一样为灰色，如图 6.57 所示。

图 6.54　全身动作

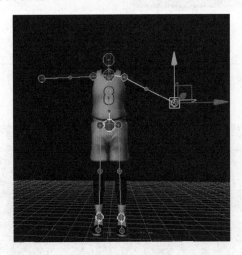

图 6.55　局部动作

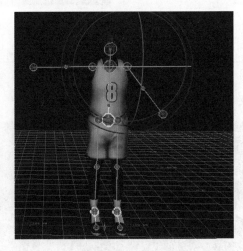

图 6.56　选择动作

在时间线上，只要选中角色的任意骨骼，全身动作关键帧都会显示。局部动作关键帧则在局部骨骼的任意控制器被选中时才会显示，而选择其他骨骼时不会显示。选择动作关键

图 6.57　在 Transport Controls 窗口中查看不同类型的关键帧

帧仅在该控制器被选中时才会显示。当同一时间码上有不同类型的关键帧时,默认会优先显示全身关键帧,其次是局部关键帧。

　　在确定了动作的类型后,对任意一个控制器添加动作,其方法跟之前介绍的普通对象类似,但是对于一个角色而言,它的大小通常是不变的,所以对于角色而言,一般不会进行缩放,因此主要的动作就是移动和旋转。

6.4.3　Pin 工具

　　为角色添加了控制器之后,角色的动作会被父节点或者子节点带动,在某些特殊的情境下,我们希望角色某些特定的控制器的位置固定,如角色下蹲的时候,希望角色的脚不被身体带动,这时就需要用到 Pin(大头针)工具,Pin 工具的作用就是固定住选中的控制器的移动或者旋转,使它不受其他父节点或者子节点的影响。

　　这里需要注意的是,Pin 工具锁定的并非控制器本身的移动或者旋转,而是控制器不受其他父子节点的影响,所以锁定之后,控制器本身是可以移动和旋转的,只是在移动或者旋转其他控制器时,锁定的控制器不受影响。例如锁定了脚部控制器,我们是可以单独移动或者旋转脚部的,但是当向下移动臀部控制器时,与之相邻的大腿、膝盖和小腿等都受到影响,然而脚部却不受影响,如图 6.58 所示。

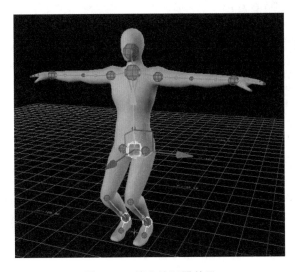

图 6.58　锁定控制器效果

　　Pin 工具分为锁定移动(Pin Translation)、锁定旋转(Pin Rotation)和释放锁定(Release All Pinning),各个工具的功能如表 6.1 所示。

表 6.1　Pin 工具的功能

图　标	名　称	功　能
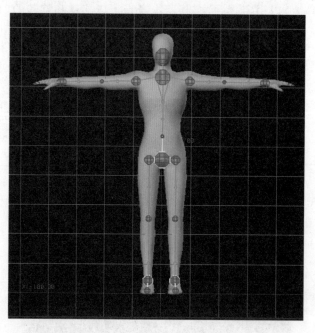（锁定移动图标）	锁定移动（Pin Translation）	锁定或者解锁选中的控制器的移动（Translation）
（锁定旋转图标）	锁定旋转（Pin Rotation）	锁定或者解锁选中的控制器的旋转（Rotation）
（释放锁定图标）	释放锁定（Release All Pinning）	临时解除选中的控制器及其子节点的所有移动和旋转

当创建了一个 Biped(两足动物)控制器时,角色的脚踝和脚部控制器默认是锁定移动和旋转的,而 Quadruped(四足动物)同样也锁定了脚部的移动和旋转。

选中需要锁定的控制器,单击锁定移动或者锁定旋转按钮,即可锁定该控制器,此时按钮的颜色加深。如果需要解锁,则再次选中该控制器,然后单击锁定按钮,即可解锁,此时按钮的颜色还原。如果需要临时解锁,则可以使用释放锁定工具,单击该工具按钮,即可临时解锁,此时释放锁定按钮颜色加深,再次单击该按钮即可还原锁定,按钮颜色还原。

6.4.4　Stance Pose

Stance Pose(站姿工具)可以迅速让角色整体或者局部回到初始的站姿,也就是 T-Pose 状态。在 MotionBuilder 中的 T-Pose 状态下,角色的两手伸开平行于 X 轴,如图 6.59 所示。

图 6.59　MotionBuilder 中的 T-Pose

在 Full Body 状态下,使用 Stance Pose 工具可以让角色直接回到 T-Pose,如果只调整角色的局部,则需要将角色动作改为 Body Part,然后选中需要调整的局部控制器,选择 Stance Pose 工具即可。

需要注意的是，为了使窗口显示的空间使用更加高效，在 MotionBuilder 2012 之后版本的角色控制窗口中，角色的姿势并非是标准的 T-Pose，两手没有完成伸开，这样使得窗口所占的宽度变小，如图 6.60 所示。

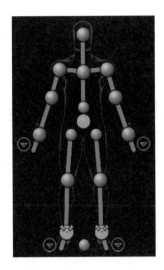

图 6.60　Character Controls 窗口中的角色姿势

6.4.5　Pose Controls

Pose Controls(姿势控制)是一个独立的窗口，用来创建和编辑角色的姿势。通常可以用关键帧来记录角色的某个动作，关键帧只能记录同一个角色的动作。Pose Controls 相当于一个可以用来建立姿势的数据库，可以把做好的姿势保存之后，赋予同一个角色，也可以赋予其他角色。此外 Pose Controls 还可以实现动作的镜像，大大提高我们调整姿势的工作效率，Pose Controls 窗口如图 6.61 所示。

视频讲解

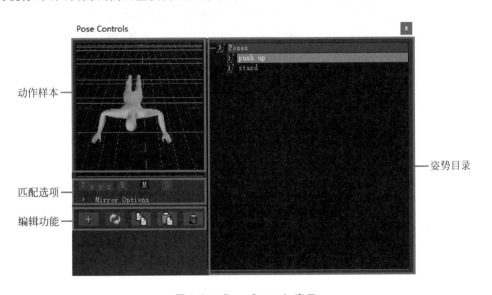

图 6.61　Pose Controls 窗口

在调整好角色的姿势后,单击编辑功能中的 Create 按钮,创建一个 Pose,在动作样本中记录动作的状态,在右侧的姿势目录中可以查看新建的 Pose,右击新建的 Pose 可以对其进行重命名。在编辑功能中可以对 Pose 进行刷新、复制、粘贴与删除等。

如果要将存储好的 Pose 赋予原有角色或者其他角色,首先要确定是复制角色的全身姿势还是局部姿势。如果要复制完整的姿势,则需要在 Character Controls 窗口的工具栏中选择 Full Body,在匹配选项中关闭 Mirror Pose(镜像姿势),然后在姿势目录中双击 Pose 名称即可,如图 6.62 所示。

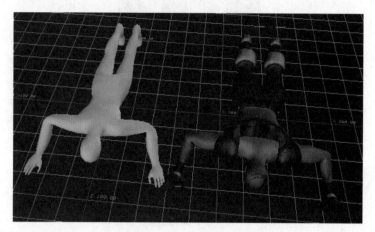

图 6.62　复制角色全身姿势

而如果仅需要将 Pose 赋予角色的局部,就需要选择 Body Part,并选择需要复制的角色的局部所在的控制器,然后在姿势目录中双击 Pose 名称。例如将 Pose 复制到角色的左手臂上,如图 6.63 所示。

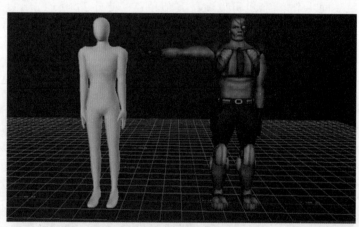

图 6.63　复制角色局部姿势

需要注意的是,如果角色上的控制器被 Pin 锁定,则在复制 Body Part 的 Pose 时,锁定的控制器不受 Pose 的影响,仅有未被锁定的控制器发生改变。而如果是 Full Body,则不受 Pin 功能的影响。

在复制一个 Pose 时,通常是完全复制了角色的动作和相对位置,如果需要保留角色本身的位置和旋转信息时，则需要在匹配选项中选择相应的匹配项。例如要复制的 Pose 名称为 Push UP，是一个俯卧撑的动作，动作如图 6.64 所示。角色本身处在初始的 T-Pose，如图 6.65 所示，选择角色的左手腕控制器，然后在匹配选项中选择 Match Translation，默认的是保留 X 和 Z 轴的信息，而 Y 轴是角色和地面的相对距离，一般不会保留。在姿势目录中旋转 Push Up Pose 复制后的动作如图 6.66 所示。

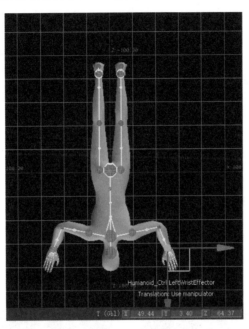

图 6.64　Push Up Pose

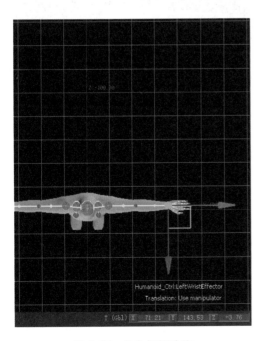

图 6.65　角色初始动作

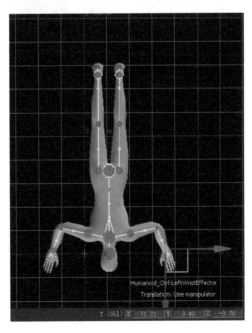

图 6.66　复制后的 Pose

Push Up Pose 中手腕的 Translation 值为(49.44,3.40,64.37),角色的初始 Pose 的手腕 Translation 值为(71.21,143.5,3,−3.76),由于选择了左手腕进行匹配,则匹配后的角色保留了 Hip 骨骼的 Translation 值,匹配后的手腕 Translation 值为(71.21,3.40,−3.76),保留了 X 和 Z 值,而 Y 值进行了匹配,导致复制后的 Pose 出现了左移。

Match Rotation 则可以保留角色原有的 Rotation 值,还是使用之前的 Push Up Pose,角色的初始动作依然是 T-Pose,选择 Hip 控制器,这里 Hip 控制器的 Rotation 初始值为(0.00,−0.00,−0.00),Push Up Pose 中的 Hip 控制器的 Rotation 值为(86.82,−0.00,−0.00),在匹配选项中选择 Match Rotation,复制 Push Up Pose,得到的角色 Pose 如图 6.67 所示。

可以看出角色本身的 Rotation 值得到了保留,依然是(0.00,−0.00,−0.00),仅仅是 Translation 进行了匹配,除了手臂动作匹配之外,角色整体向下移动。

Match Translation 和 Match Rotation 可以单独选择,也可以同时选择。在选择了 Match Translation 或者 Match Rotation 匹配项的同时,还可以选择 Respect Gravity,以保证在匹配时角色的原有位置和角色原本的朝向不发生改变。在 Respect Gravity 选项选中后,Match Translation 只匹配 X 和 Z 轴,Match Rotation 则只匹配 Y 轴。这样角色原有的垂直位置,不会发生脚离开地面悬浮的姿势,同时角色面朝的方向也保持不变。

Pose Controls 的另一项重要功能就是可以将存储的 Pose 镜像后再赋予角色,镜像功能可以将角色的局部动作或者全身动作镜像后赋予原角色或者其他角色。对于角色而言,默认的镜像是左右镜像。根据需要也可以修改镜像选项,实现其他方向的镜像。首先以 Full Body 姿势镜像为例添加一个角色,原始 Pose 为右手平伸、左手下垂,如图 6.68 所示。

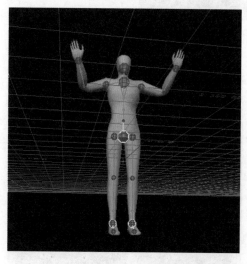

图 6.67　Match Rotation 结果

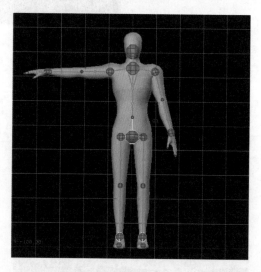

图 6.68　原始姿势

在匹配选项中,单击 Mirror Pose 按钮,然后在姿势目录中双击 Pose 名称,此时得到了镜像后的姿势,如图 6.69 所示。

如果要改变镜像的方向,首先需要在匹配选项中关闭 Match Translation 和 Match Rotation。在 Mirror Options 选项下,打开 Show Mirror Plane 来显示镜像平面,如图 6.70 所示。

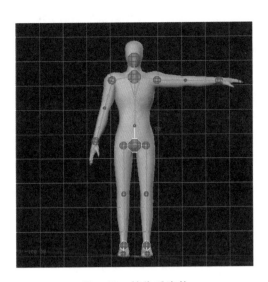

图 6.69 镜像后姿势

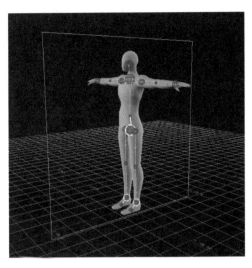

图 6.70 镜像平面

默认是沿 Z-Y 平面来镜像,此外还可以选择 XY 和 XZ 平面,如图 6.71 和图 6.72 所示。

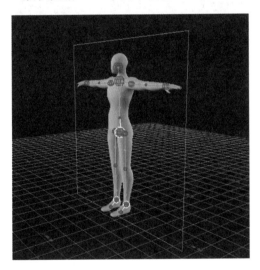

图 6.71 XY 平面镜像

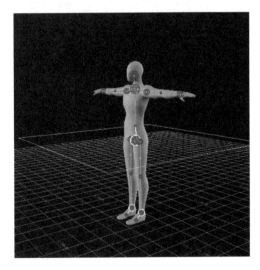

图 6.72 XZ 平面镜像

沿 XY 平面镜像可以实现前后镜像,而沿 XZ 平面镜像可以实现上下镜像,镜像后的结果分别如图 6.73 和图 6.74 所示。

利用镜像功能可以快速地得到角色对称的 Pose,而如果使用 Body Part 则可以让角色的局部进行镜像。在 Body Part 状态下,只能实现默认的左右镜像,也就是左右手臂和腿部间的动作复制。镜像的方法和全身镜像类似,区别在于镜像之前一定要选择需要镜像的局部的控制器。还是使用之前的 Pose,右手平伸左手下垂,如图 6.75 所示。选择角色右手上的任意控制器,然后在姿势目录中双击 Pose 名称,此时得到了镜像后的姿势,如图 6.76 所示。

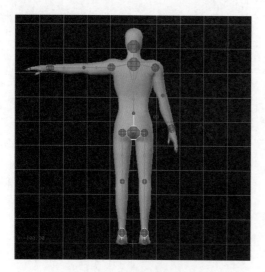

图 6.73　XY 平面镜像结果

图 6.74　XZ 平面镜像结果

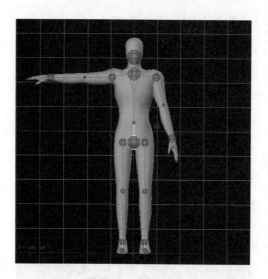

图 6.75　原始姿势

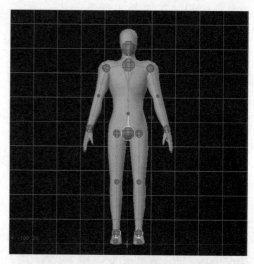

图 6.76　镜像后姿势

6.4.6　Character Extension

视频讲解

　　Character Extension(角色扩展)用于为角色添加额外的控制点或者控制器。MotionBuilder 创建的默认 IK/FK 控制器基本上可以完成绝大多数的角色动作,但是在某些局部的精细动作上存在不足。例如角色的脚部控制器在脚踝和脚掌的中间处,它可以实现脚的旋转和移动,但是始终是以脚踝或者脚掌的中间为中心点,如图 6.77 所示。

　　如果要实现以脚尖或者脚后跟为中心点的动作,就需要添加额外的控制点或者控制器。在 Character Controls 窗口中,找到角色的脚踝控制器并右击,在弹出的菜单中选择 Create Aux Pivot(创建辅助中心点),如图 6.78 所示。

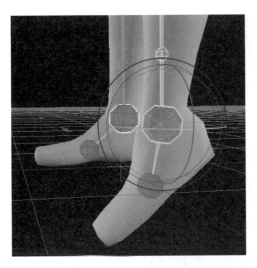

图 6.77　脚步控制器中心

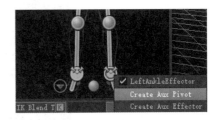

图 6.78　Create Aux Pivot

　　分别为左右两个脚踝创建一个新的中心点,如图 6.79 所示。

　　在 Character Controls 窗口中,可以看到脚踝控制器上出现了附加的中心点,在 Viewer 窗口中会自动切换到 Pivot 模式,选择新建的两个中心点,并将它们移动到角色的脚跟处,如图 6.80 所示。

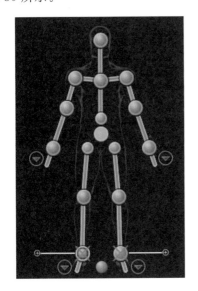

图 6.79　创建新的中心点

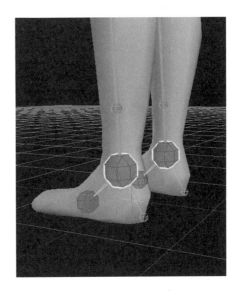

图 6.80　移动中心点

　　用同样的方法再建立两个 Aux Pivot,并移动到角色的脚尖处。此时已经为脚踝创建了两个额外的中心点,可以让角色以脚尖或者脚后跟为中心点来进行旋转,在 Viewer 窗口中,将对象模式切换到 Model,然后选择刚刚创建的中心点,就可以进行旋转操作,如图 6.81 所示。

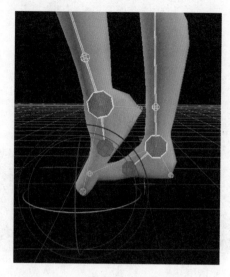

图 6.81　使用创建的中心点控制角色

思考与练习

1. 角色处理的目的是什么?
2. 如何在 Maya 中为角色添加骨骼?
3. 如何在 Maya 中为角色建立蒙皮和权重?
4. 什么是标准化命名角色? 如何对其进行角色化?
5. 什么是非标准化命名角色? 如何对其进行角色化?

第 7 章

Chapter 07 [演员动作的拍摄]

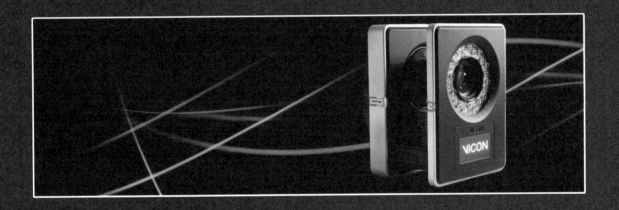

本章主要讲解如何利用 Vicon T Series 动作捕捉系统以及 ViconBlade 软件相结合来拍摄演员的表演。在表演之前,首先要对表演场地进行校正。演员应该换好专门的服装,贴上标记点,然后为演员建立相应的骨骼文件。接下来就可以正式表演,表演完成后对数据进行处理和导出。

7.1 Vicon T Series 设备简介

Vicon T Series 动作捕捉系统是英国 Oxford Metrics Limited(简称 OML)公司生产的一套专业化的动作捕捉系统。曾经被许多非常著名的动画制作公司采购、使用,并在众多脍炙人口的影视作品如《阿凡达》《猩球崛起》等中发挥了重要作用,制作出了很多经典的动画镜头。

它是世界上第一个用于动作捕捉的光学系统,它以非凡的技术性能在 motion capture 系统硬件制造领域赢得了极高的声誉,并且改写了 motion capture 系统传统意义上涵盖的内容。它由一组通过网络连接的 Vicon MX 动作捕捉摄像机和其他设备,建立起一个完整的三维运动作捕捉系统,以提供实时光学数据,这些数据可以应用于实时在线或者离线的动作捕捉及分析,应用领域涉及动画制作、虚拟现实系统、机器人遥控、互动式游戏、体育训练、人体工程学研究、生物力学研究等方面。

Vicon 系统是非常准确和可靠的光学动作捕捉系统,它所提供的实时光学数据,可以应用于实时在线或者离线的动作捕捉及分析。Vicon 公司开发了拥有自己专利的 Vicon Vegas 传感器,可以同时实现高分辨率与高捕捉频率,实时捕捉三维效果好、功能强。系统主要包含的硬件设备如图 7.1~图 7.5 所示。

图 7.1 摄像机

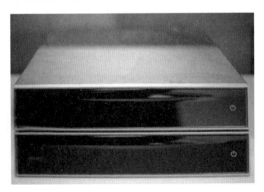

图 7.2 集线器

图 7.3 配套工具

摄像机一般在安装好之后,不需要直接操控,而是通过计算机软件来操控。摄像机通过同轴电缆连接至集线器,单个集线器最多可以接驳 10 台摄像机,超过 10 台摄像机则可以用类似以太网集线器的方法,使用双绞线对集线器进行级联。集线器与计算机之间通过双绞线连接,并将计算机的网关设置为 192.168.10.1,IP 地址也设置为同一网段。硬件连接如图 7.6 所示。

图 7.4　专用服装

图 7.5　Marker 点

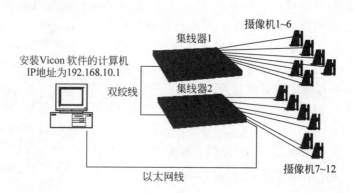

图 7.6　硬件连接示意图

接好线的集线器如图 7.7 所示。

摄像机的位置一旦安装好,就不要轻易移动了,摄像机的位置也决定了表演场地的范围,为了使表演场地的范围更大,通常需要将摄像机安装到相对较高的位置,楼层的层高在 3.5m 以上为宜。安装好摄像机之后,经过测试即可以估算出表演场地的位置,并做出标记。如图 7.8 所示。

图 7.7　硬件连接实物图

图 7.8　标记好的表演区

7.2 Vicon Blade 软件简介

在 Vicon 系统中，所有的摄像机通过集线器连接，集线器除了电源开关之外，并没有对摄像机的控制功能。摄像机的控制完全通过与集线器连接的计算机上的 Vicon Blade（以下简称 Blade）软件来进行控制。除此之外，Blade 软件还能对拍摄的数据进行管理与处理以及导出。

Blade 软件的初始界面如图 7.9 所示。

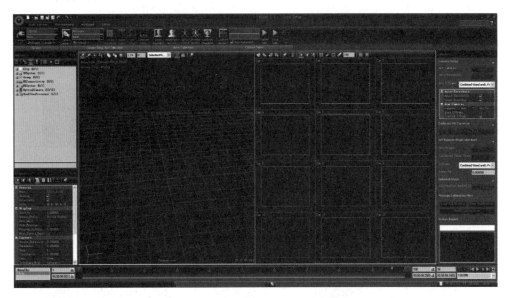

图 7.9 Blade 软件初始界面

Blade 软件有四组功能面板，分别是 Studio Activities（拍摄）、Post Processing（后期处理）、WorkSpace（工作区）和 Editors（编辑），如图 7.10 所示。Studio Activities 包含了所有的拍摄功能、摄像机的设置，以及二维转三维数据的处理等；Post Processing 中的主要功能是拍摄数据和骨骼的结合；Workspace 的主要功能是工作区域的设置；Editors 主要包含一些其他的功能窗口。

图 7.10 Blade 功能面板

在 Studio Activities 面板中，又划分了四个功能区域，分别是 Go live（实时拍摄）、Camera Setup And Calibration（摄像机设置与计算）、Actor Calibration（演员计算）和 Capture Takes（拍摄文件管理）。

Go live 区域的主要功能包括摄像机的连接与断开，拍摄帧速率的设置以及实时显示模式等,Go Live 功能区域如图 7.11 所示。

Camera Setup And Calibration 区域的主要功能包括摄像机的设置、场地校正等。Camera Setup And Calibration 功能区域如图 7.12 所示。

图 7.11　图 7.11 Go Live 功能区域　　　图 7.12　Camera Setup And Calibration 功能区域

Actor Calibration 区域的主要功能是演员骨骼的计算。Capture Takes 区域的主要功能是拍摄文件的管理。Actor Calibration 和 Capture takes 功能区域分别如图 7.13 和图 7.14 所示。

图 7.13　Actor Calibration 功能区域　　　图 7.14　Capture Takes 功能区域

在 Post Processing(后期处理)面板中,划分了五个功能区域,分别是 Objects(对象)、Tracking(跟踪)、Animation(动画)、Modeling(建模)和 Manipulators(操控)。

Objects 区域的主要功能包括对场景中对象的添加、处理与删除,如图 7.15 所示。

Tracking 区域的主要功能包括对拍摄数据的标记、重建与处理等,如图 7.16 所示。

图 7.15　Objects 功能区域　　　图 7.16　Tracking 功能区域

Animation 区域的主要功能是动作的解析,如图 7.17 所示。

Modeling 区域的主要功能是对模型骨骼的处理,如图 7.18 所示。

图 7.17　Animation 功能区域　　　图 7.18　Modeling 功能区域

Manipulators 区域的主要功能是对视图中的控制,如图 7.19 所示。

在 Post Processing 面板中,划分了三个功能区域,分别是 Types(类型)、Layout(视图)、Custom Layout(自定义视图)。

Types 区域主要包括视图的显示类型,通常使用默认的 Perspective(透视图),如图 7.20 所示。

图 7.19 Manipulators 功能区域

图 7.20 Types 功能区域

Layout 区域的主要功能是用来切换视图类型，Blade 软件有 8 种视图，可以将视图切换至 1～4 个不同排列的分区，如图 7.21 所示。

Custom Layout 区域的主要功能是管理用户自定义的视图，如图 7.22 所示。

图 7.21 Layout 功能区域

图 7.22 Custom Layout 功能区域

在 Post Processing 面板中只有一个功能区域，即 Docking Windows（窗口停靠），在这里可以开启或者关闭相应的功能窗口，如图 7.23 所示。

图 7.23 Docking Windows 功能区域

此外，Blade 还有一个基本的文件菜单与工具栏，用于文件的保存、导出等，单击左上角的 Main 按钮可以弹出文件菜单，如图 7.24 所示。

图 7.24 Blade 文件菜单

7.3 系统校正

在正式拍摄之前,需要对系统进行校准。安装好摄像机后,经过固定,通常不会出现大的位移,但是可能会出现轻微的误差,所以需要对系统进行重新校正,以实现对摄像机位置的确定,防止在拍摄时出现误差。

7.3.1 校正摄像机的位置

视频讲解

摄像机虽然通过支架进行固定,但是难免出现轻微的位移,为了确保摄像机的位置准确,在开始拍摄之前,应对摄像机的位置进行校准。Vicon 系统是通过拍摄一段标记点移动,然后通过系统的计算,来确定各个摄像机的相对位置的。

首先启动集线器与 Blade 软件,在 Studio Activities 面板中的 Go live 功能区域,单击 Connect 按钮,此时摄像机开始启动,左上角的按钮变成红色的点亮状态,如图 7.25 所示。

摄像机启动后,会进入默认的拍摄视图(Capture Layout),系统中除了 Capture 窗口之外,还有 Selection 窗口、Attributes 窗口和 Calibration 窗口,如图 7.26 所示。

图 7.25 启动摄像机

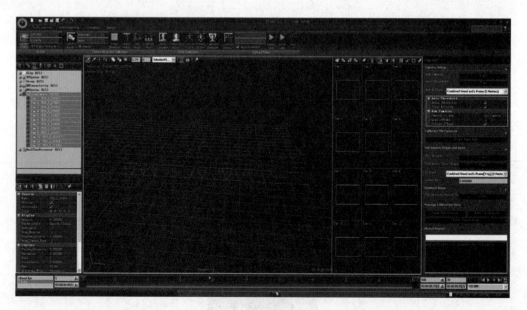

图 7.26 Capture Layout

校正工作主要是在 Calibration 窗口中完成。首先选择校正棒的类型,这里使用的是 Combined Wand and L-frame [Y-Up](5 Markers),如图 7.27 所示。在 Aim L-frame 中选择对应的类型,如图 7.28 所示。

准备好之后,工作人员手持校正棒进入表演场地,将有标记点的一面对着摄像机,进行挥

舞,这里需要对着每个摄像机进行挥舞,以确保所有摄像机都能拍到校正棒上的标记点,在 Capture 窗口中可以看到每个摄像机对应的监视器拍摄到的标记点移动的轨迹,如图 7.29 所示。

图 7.27 校正棒

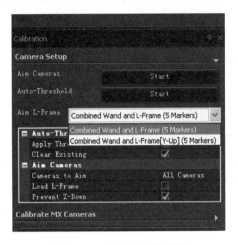

图 7.28 选择校正棒类型

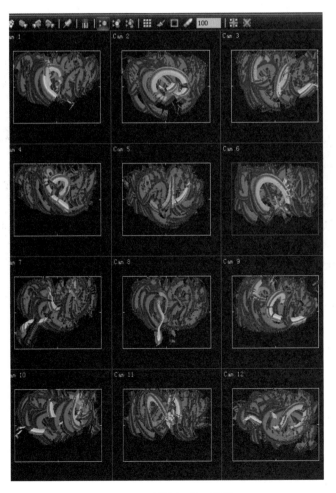

图 7.29 摄像机校正画面

在 Calibration 窗口中的 Status Report 区域可以查看到每个摄像机拍摄到的标记点数量,如图 7.30 所示。

通常在每一个摄像机拍到的数量达到 2000～3000 时可以停止,停止后,系统自动进行校正,在 Status Report 区域会显示每一个摄像机的校正结果,如图 7.31 所示。

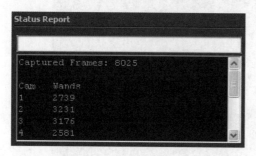

图 7.30　查看标记点数量

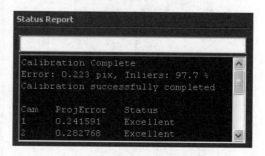

图 7.31　校正结果

如果 ProjError(误码率)在 0.3 以内,Status(状态)会显示 Excellent(极好),表明校正结果良好,如果误码率过高,则需要进行检查。

通过这一步的校正,得到的是摄像机的相对位置,但是摄像机没有与场地的地面建立关联,如图 7.32 所示。

图 7.32　校正后的摄像机状态

要进行表演,还需要将地面的位置加入进来,将之前用过的校正棒放在表演场地的中央,校正棒的手柄应与观察的方向一致,如图 7.33 所示。

放置好校正棒后,在 Set Volume Origin and Axes 中,选择校正棒类型,如图 7.34 所示。

然后在 Set Origin 中单击 Start 按钮,如图 7.35 所示。

地面的校正不需要太长时间,通常 3s 就足够,系统会自动标记校正棒,单击 Stop 按钮,结束地面校正,摄像机建立和地面的关系,如图 7.36 所示。

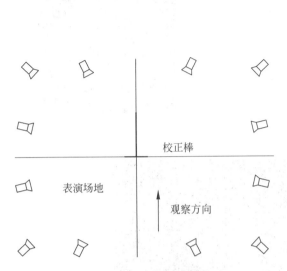

图7.33　校正棒摆放位置

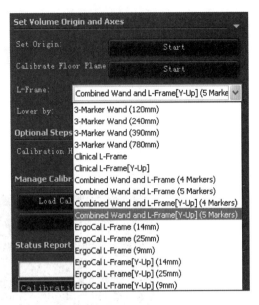

图7.34　选择校正棒类型

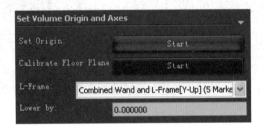

图7.35　Set Origin

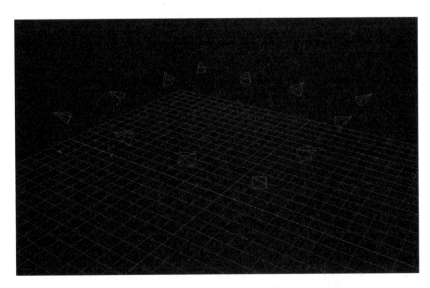

图7.36　校正后的摄像机状态

在校正地面时特别要注意校正棒的摆放方向,稍微偏移都会影响到后期的拍摄结果。

在摄像机的校正结束后,已经可以通过摄像头查看场景中拍摄到的内容,在 Go live 中选择 Reconstruct,如图 7.37 所示。

此时系统会实时重建三维场景,因此在场景中就可以看到放置在场地内的校正棒,拿起校正棒,也可以实时观察,如图 7.38 所示。

图 7.37　修改摄像机查看方式

图 7.38　实时拍摄场景

7.3.2　校正摄像机的参数

在拍摄之前,首先要保证场地干净,主要是清除一切能反光的物品,保证没有其他物品对摄像机的拍摄造成干扰。还需要调整摄像机的参数,主要是校正其灵敏度,不要将表演场地中,或者演员身上的其他物品拍摄到,确保摄像机只能拍到我们使用的反光贴点,而且每一个反光贴点都不被漏掉。

单击摄像头窗口上的 Show Settings(显示设置栏)按钮,如图 7.39 所示。

图 7.39　Show Settings

这样,每一个摄像机都出现了一个参数调节工具,如图 7.40 所示。

在调节时,可以单击　按钮选择性地调节,只调节选中的摄像机,也可以单击　按钮进行全部调节,调整所有的摄像机。

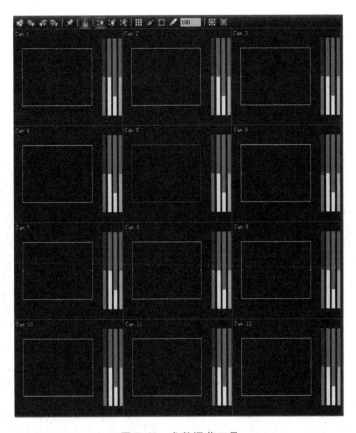

图 7.40　参数调节工具

　　为了更好地进行调节，我们可以逐个来调节，在 Selection 窗口中，单击 Optical Camera 左侧的加号按钮展开摄像机选项，这样可以选择单个的摄像机，如图 7.41 所示。

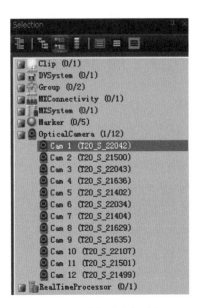

图 7.41　选择单个摄像机

　　将校正棒放在场地中,并依次观察每一个摄像机拍摄到的画面,检查有无标记点丢失或出现多余噪点的现象。如果发生发光点丢失的情况,可以适当提高摄像机的灵敏度,直至标记点正常显示即可;如果有多余的噪点,则首先检查表演场地中有无多余的反光物品,如果有就立即移除,如果没有特别的物体,则可以通过调节摄像机的参数来清除噪点,如这里摄像机 6 出现噪点,如图 7.42 所示。

　　可以拖动红色灵敏度滑块,直至噪点消失,同时原有的校正棒上的标记点不受影响,调整完成后如图 7.43 所示。

图 7.42　拍摄到的噪点

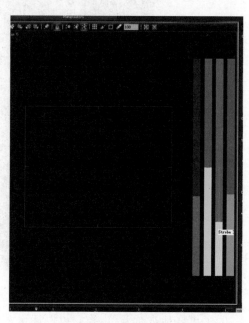
图 7.43　灵敏度调节结果

　　至此,设备已经准备就绪,可以进行拍摄。

7.4　演员贴点

视频讲解

　　演员在场地中进行表演,实际上拍摄的是演员身上的反光贴点,所以首先要对演员进行贴点。为了将标记点固定在演员身上,Vicon 提供了特质的徕卡服装,演员首先需要穿着徕卡服装,以便进行贴点。

　　在演员身上贴点的目的是为了最大限度地反映演员的动作,最终与演员的骨骼建立联系,所以每一个贴点都可以与相应的骨骼对应起来,如图 7.44 所示。

　　按照 MotionBuilder 的模板,所有的标记点共计 53 个。具体位置描述如表 7.1 所示。

　　贴点的质量直接影响了最终拍摄的结果,如果贴点不当,可能会造成拍摄失败,如动作的抖动等。所以在贴点的时候需要注意如下几点。

　　首先,演员的服装要贴身,略紧,如果服装太过松弛,则贴点可能会产生相对位移,不能真实反映演员的动作;

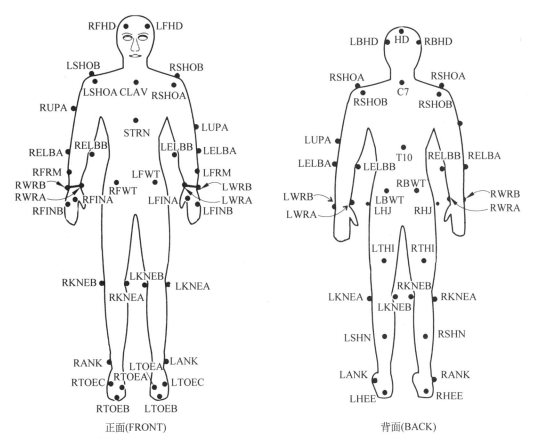

图 7.44 标记点粘贴位置

表 7.1 贴点名称与位置

编号（No.）	贴点标签（Label）	定义（Definition）	位置（Position）
1	LFHD	头部前面左翼（Left front head）	太阳穴左翼
2	RFHD	头部前面右翼（Right front head）	太阳穴右翼
3	LBHD	头部后面左翼（Left back head）	头部左后
4	RBHD	头部后面右翼（Right back head）	头部右后
5	HD	头顶（Head）	头顶偏一侧
6	C7	第七颈椎（Seventh cervical vertebrae）	后颈的底部
7	T10	第十根胸椎骨（Tenth thoracic vertebrae）	背部的中心
8	CLAV	锁骨（Clavicle）	胸骨的上方
9	STRN	胸骨（Sternum）	胸骨的底部
10	LSHOA	左肩 A（Left shoulder）	左肩关节前侧
11	LSHOB	左肩 B（Left shoulder）	左肩关节后侧
12	LUPA	左上臂（Left upper arm）	左上臂的外侧
13	LELBA	左肘关节 A（Left elbow）	左臂外肘关节外侧
14	LELBB	左肘关节 B（Left elbow）	左臂外肘关节内侧
15	LFRM	左前臂（Left forearm）	左下臂的外侧

续表

编号（No.）	贴点标签（Label）	定义（Definition）	位置（Position）
16	LWRA	左手腕 A（Left wrist）	左手腕靠拇指侧
17	LWRB	左手腕 B（Left wrist）	左手腕靠小指侧
18	LFINA	左手指 A（Left finger）	左手虎口处
19	LFINB	左手指 B(Left finger）	左手小指根部
20	RSHOA	右肩 A（Left shoulder）	右肩关节前侧
21	RSHOB	右肩 B（Left shoulder）	右肩关节后侧
22	RUPA	右上臂（Right upper arm）	右上臂的外侧
23	RELBA	右肘关节 A（Right elbow）	右臂外肘关节外侧
24	RELBB	右肘关节 B(Right elbow）	右臂外肘关节内侧
25	RFRM	右前臂（Right forearm）	右下臂的外侧
26	RWRA	右手腕拇指侧（Right wrist bar thumb side）	右手腕靠拇指侧
27	RWRB	右手腕小指侧（Right wrist bar pinkie side）	右手腕靠小指侧
28	RFINA	右手指 A（Right finger）	右手虎口处
29	RFINB	右手指 B(Right finger）	右手小指根部
30	LFWT	腰部前面左翼（Left Front Waist）	腰部前面左翼
31	RFWT	腰部前面右翼（Right Front Waist）	腰部前面右翼
32	LBWT	腰部后面左翼（Left back Waist）	腰部后面左翼
33	RBWT	腰部后面右翼（Right back Waist）	腰部后面右翼
34	RHJ	右髋关节（Right hip joint）	右髋关节
35	LHJ	左髋关节（Left hip joint）	左髋关节
36	LTHI	左大腿（Left thigh）	左大腿后侧中间处
37	LKNEA	左膝盖（Left knee）	左膝关节外侧
38	LKNEB	左膝盖（Left knee）	左膝关节内侧
39	LSHN	左胫小腿（Left shin）	左小腿后侧中间处
40	LANK	左脚踝（Left ankle）	左脚踝外侧骨突处
41	LHEE	左脚后跟（Left heel）	左脚的背面
42	LTOEA	左脚趾 A（Left toe）	左脚大拇指根部
43	LTOEB	左脚趾 B（Left toe）	左脚中指顶部
44	LTOEC	左脚趾 C（Light toe）	左脚小指根部
45	RTHI	右大腿（Right thigh）	右大腿后侧中间处
46	RKNEA	右膝盖 A（Right knee）	右膝关节的外侧
47	RKNEB	右膝盖 B（Right knee）	右膝关节的内侧
48	RSHN	右胫小腿（Right shin）	右小腿后侧中间处
49	RANK	右脚踝（Right ankle）	右脚踝外侧骨突处
50	RHEE	右脚后跟（Right heel）	右脚的背面
51	RTOEA	右脚趾 A（Right toe）	右脚大拇指根部
52	RTOEB	右脚趾 B（Right toe）	右脚中指顶部
53	RTOEC	右脚趾 C（Right toe）	右脚小指根部

其次,头顶的贴点不能居中,否则容易造成在识别时前后不分;

最后,手腕处的贴点尽量不要对称,否则容易造成在识别的时候上下不分。

完成所有的贴点后,正面及背面如图 7.45 和图 7.46 所示。

图 7.45 正面贴点

图 7.46 背面贴点

7.5 建立演员骨骼文件

Blade 软件可以直接生成演员的骨骼,省去了后期处理的环节,可以大大提高动画制作的效率,因此,在每次拍摄之前,首先需要通过 Blade 软件来生成演员的骨骼。

7.5.1 建立拍摄文件

打开 Blade,单击左上角的圆形按钮,在弹出的菜单中选择 Data Management,打开 Data Management 窗口,如图 7.47 所示。

视频讲解

图 7.47 Data Management 窗口

在这里可以查看之前拍摄的数据,Blade 是按照 Project(项目)→Capture day(日期)→Session(时段)→拍摄片段的结构来管理拍摄文件的,可以在左侧的树状目录中打开或者收缩子目录,如图 7.48 所示。

根据制作动画的具体情况,来设定和管理自己的路径,通常把一个动画作为一个项目,下面的目录可以根据需求来建立,完成之后在 Capture 窗口可以看到当前 Session 的名称,在 Name 字段中可以定义每一个拍摄文件的名称,如图 7.49 所示。

如果拍摄多个文件,系统会自动对后面的文件添加数字进行命名,如果有重名,则无法进行拍摄。

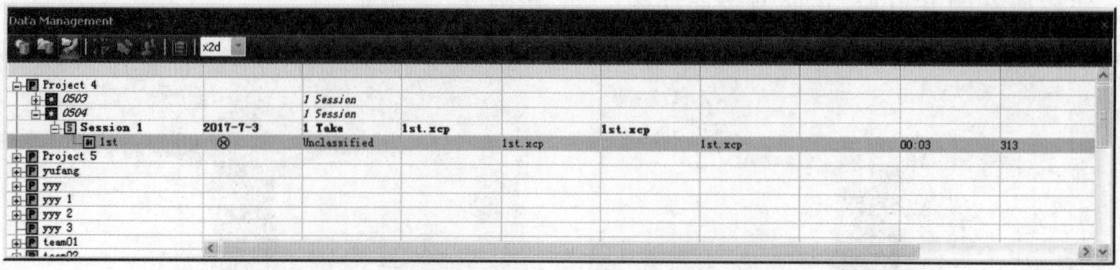

图 7.48　Data Management 结构

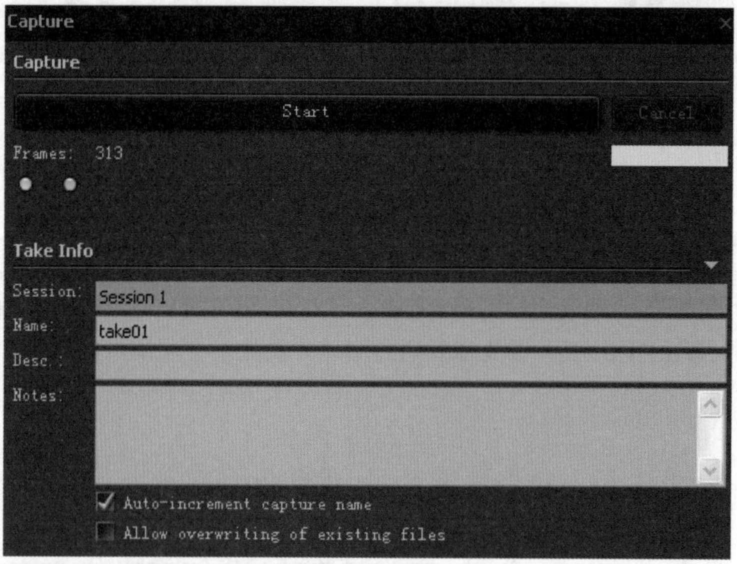

图 7.49　命名拍摄文件

7.5.2　动作采样的录制

视频讲解

Vicon 系统依据已有的标准骨骼模板，然后给演员拍摄一段动作，通过算法进行智能校正，修改标准骨骼模板，并使之与演员的骨骼相匹配，从而建立演员的骨骼。这里标准骨骼系统已经提供了，所以要做的首先是对演员动作进行一段采样录制。

在演员做动作时，必须以 T-Pose 开始，演员准备好之后，在 Capture 面板中，单击 Start 按钮，开始拍摄。

为了保证采样文件的质量，演员需要尽量活动全身的各个关节，包括颈部、腰部、手臂、腿部、脚步等，依次进行活动，尽量活动到所能及的最大位置，时长以不少于 2 分钟为宜。不充分的活动，或者太短的录制，都会导致骨骼文件生成不够准确，从而影响最终的动画制作。完成之后单击 Stop 按钮结束拍摄。

拍摄结束后，每一个摄像机都会得到一个图像序列，记录了摄像机所拍摄到的标记点，如图 7.50 所示。

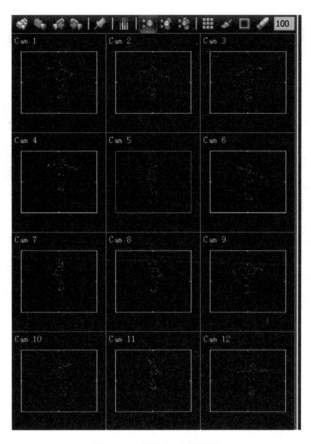

图 7.50　摄像机拍摄结果

7.5.3　数据重建

单个摄像机所拍摄的是平面图像，记录了贴在演员身上的标记点，而要形成三维的数据，一个点至少需要被三个摄像机同时拍摄到，通过已知的摄像机的相邻位置关系，计算出点在三维空间的位置，从而构建三维数据，完成数据的重建。

视频讲解

在数据库中打开拍摄的文件，单击 Process Rom 按钮下方的箭头，在弹出的菜单中选择 Reconstruct ROM，此时系统开始数据分析，完成之后在场景中得到三维的数据如图 7.51 所示。

7.5.4　导入骨骼模板

我们得到的三维数据，只能记录演员身上的标记点在三维空间中的运动，而制作角色动画需要的是骨骼，要让演员的标记点的运动转换为角色的运动。这里可以直接建立一套骨骼，然后根据演员的标记点数据，来调整建立的骨骼。

视频讲解

Blade 软件提供了 MotionBuilder 通用的骨骼模板，可以直接导入。在 Editor 面板中单击 Character Management 按钮，打开 Character Management 窗口，在 Character Management

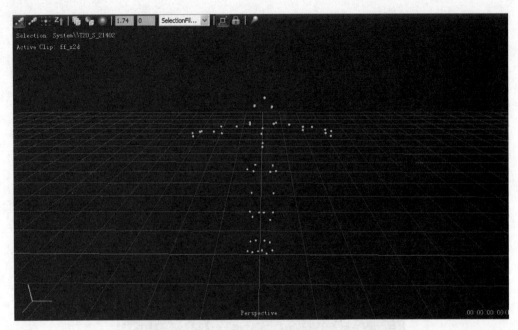

图 7.51　三维重建结果

窗口上方的工具栏中,单击 New Character 按钮新建一个角色的骨骼,并在 Blade 软件的
Templates 目录下找到 BladeDefault_MBnames. vst,从而创建一个符合 MotionBuilder 命名
方式的骨骼,如图 7.52 所示。

图 7.52　选择骨骼模板

然后在打开的窗口中,为新建的骨骼命名,如图 7.53 所示。

图 7.53 为骨骼命名

完成之后可以在场景中看到新建立的骨骼,如图 7.54 所示。

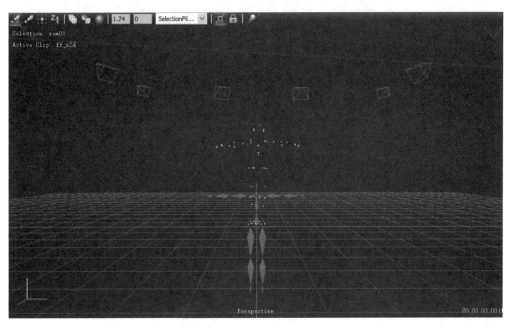

图 7.54 新建立的骨骼

7.5.5 计算演员骨骼

视频讲解

导入后的骨骼模板还不能随着拍摄的三维标记点一起运动。首先对拍摄的数据进行 T-Pose 标记,标记之前一定要保证拍摄的动作处在 T-Pose 状态,通常让演员表演时都是以 T-Pose 开始,所以通常在初始的时刻都是 T-Pose,可以直接标记,如果不是以 T-Pose 开始,则要在时间线上将指针移动到 T-Pose 的时刻,再进行标记。单击 Process ROM 按钮下方的箭头,在弹出的菜单中选择 T-Pose Label,标记完成后如图 7.55 所示。

完成之后继续选择菜单中的 Auto Label ROM,此时之前导入的骨骼会根据标记自动吸附到标记点上,如图 7.56 所示。此时骨骼可以跟随标记点运动。

标记完成之后的骨骼和演员通常都不能完美匹配,可以看到导入的骨骼身材比较高大,因此导致整个骨骼都出现了不同程度的弯曲,接下来需要调整骨骼的尺寸,让骨骼和标记完

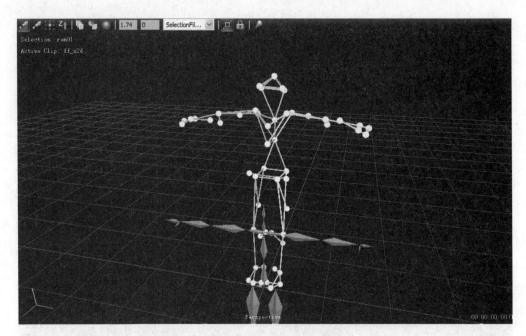

图 7.55　标记后的结果

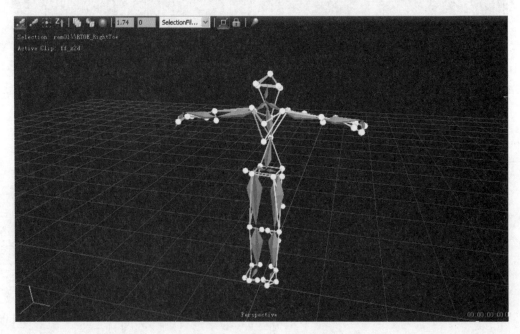

图 7.56　Auto Label ROM 结果

美匹配,单击 Calibrate Character 按钮,接下来系统会进行计算,完成之后,得到匹配的骨骼如图 7.57 所示。

　　此时已经得到了演员专属的骨骼,保存为 VST 格式。需要注意的是,演员的骨骼模板完成之后,应该立即进行拍摄。若时间太长,会导致身上的标记点出现细微的位移,从而影

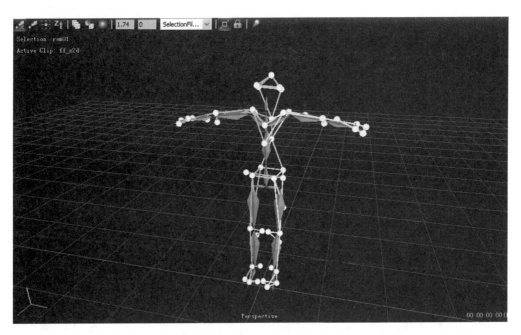

图 7.57　计算后的骨骼

响拍摄的结果。一旦重新贴点，就必须重建骨骼文件，而不能直接使用之前的骨骼文件，因为每次贴点都不可能保证标记点的绝对一致。

7.6　正式拍摄

正式拍摄的步骤与之前建立骨骼时的方法一致，在数据库中创建好相应的路径之后，在 Capture 窗口中为拍摄文件进行命名，然后单击 Start 按钮开始拍摄。拍摄时一定要以 T-Pose 开始，以便于后期处理。拍摄完成之后单击 Stop 按钮结束。

系统会自动对拍摄文件进行命名，同时也可以在 Note 中填入拍摄信息。为了方便后期处理，在拍摄时可以单独做一份场记，记录每一个拍摄文件的名称以及内容等。

演员在表演时，需要注意不要超出表演区的范围，否则会出现系统无法识别的情况。演员表演的动作最终会赋予到我们制作的动画模型上，而模型的风格千差万别，所以演员在表演之前一定要熟悉模型的特点。例如模型如果肚子比较大，则演员在表演时，手臂一定要与身体保持一定的距离，以免后期出现穿帮的情况。

如果需要两个或以上的演员同时表演，需要事先分别为演员建立各自的骨骼文件。在表演时一定要保证表演区域足够大，同时也要避免演员互相遮挡过多标记点的情况发生。

7.7　数据处理与导出

视频讲解

拍摄完成之后，需要对数据进行处理和导出，共分两个步骤，首先是二维转三维，与之前建立骨骼的方法相同，这里就不再赘述。得到三维数据后，打

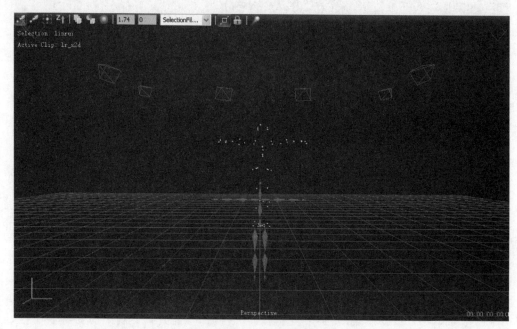

开 Character Management 窗口，单击 Load Characters 按钮，打开之前建立的 VST 格式的骨骼文件，如图 7.58 所示。

图 7.58　导入建好的骨骼

然后在 T-Pose 状态下，对三维数据进行标记，结果如图 7.59 所示。

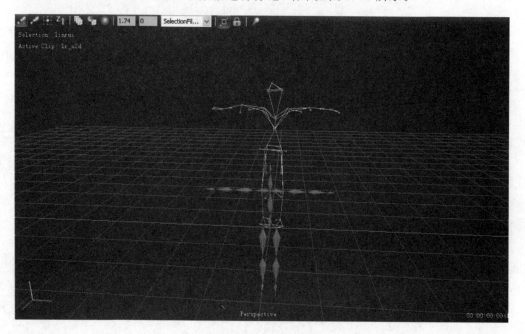

图 7.59　标记后的结果

最后在 Post Processing 中单击 Solve Motion 按钮,骨骼会根据标记自动吸附到标记点上,如图 7.60 所示。

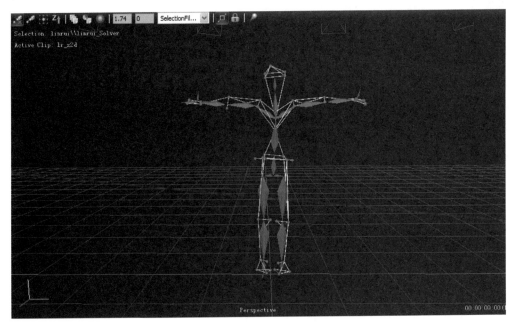

图 7.60 Solve Motion 结果

此时骨骼可以跟随标记点运动形成骨骼动画。最后在系统菜单中选择 Export,导出 FBX 格式的最终文件。

如果同时拍摄了多个演员,步骤基本相同,只是在导入骨骼文件时,需要同时导入多个演员的骨骼文件,在 Solve Motion 的过程中,Blade 会自动识别演员各自的骨骼并吸附到各自标记好的 T-Pose 上。

思考与练习

1. Vicon T Series 系统由哪些硬件组成?
2. Vicon Blade 软件有哪些主要功能?
3. 如何对拍摄系统进行校正?
4. 如何对演员贴 Marker 点?
5. 如何为演员建立骨骼文件?
6. 简述动作捕捉拍摄的流程。

第 8 章

Chapter 08

动作捕捉数据和
角色的结合

Vicon Blade 软件由于具备了骨骼匹配的功能,所以在 Blade 中处理好的数据,可以直接用来驱动制作好的角色,而如果只有 Marker 点数据,则还需要进一步处理,这部分工作主要在 MotionBuilder 软件中来完成,下面将进行具体的介绍。

8.1　角色和拍摄数据的导入

视频讲解

在 Maya 中制作好的角色和拍摄的动作都是 FBX 格式,要进行结合,二者必须同时进入 MotionBuilder 的场景中。但是选择打开文件,一次只能打开一个。要把角色和动作同时放进场景中,可以先打开角色文件,然后选择 Motion File Import 来把动作文件导入到场景中,导入的结果如图 8.1 所示。

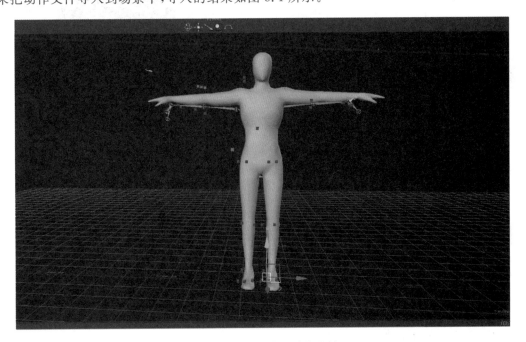

图 8.1　导入角色和动作文件

可以使用 Merge 或者 Asset Browser 等方法同时打开角色和动作文件,前面章节已经介绍过,此处不再赘述。

同样也可以将拍摄的动作文件作为资源放到资源库中随时取用,非常方便。

8.2　过滤动作捕捉数据

视频讲解

通过动作捕捉系统拍摄的数据,记录的是演员身上的标记点的运动,然后将动作转化为骨骼的运动。由于拍摄中存在标记点被遮挡、识别错误等因素,因此不可避免地造成数据存在着一些瑕疵甚至错误。

如果是出现了特别明显的错误,则需要检查动作捕捉系统是否出现问题,例如摄像机的参数设置、演员骨骼的计算等。查明问题后重新进行拍摄。而如果是轻微的抖动或者少数帧出错,则可以通过 Filter(过滤)窗口进行修复。

过滤数据不仅可以修正数据的瑕疵,也可以降低数据的冗余,从而减小系统的负担,因此在每次使用动作捕捉数据之前,都应该进行数据的过滤。

Filter 窗口各部分的功能如图 8.2 所示。

在属性类型中,选择需要过滤对象的哪些属性,默认为 All(全部),也可以选择 Translation、Rotation、Scaling 以及 Visibility(可见度)。

设置开始点和结束点,用于设置要过滤的区域,可以直接在 FCurves 窗口中用鼠标框选,也可以在过滤面板中直接输入起点和结束点的时间码。

选择好属性和过滤区域之后,就可以开始过滤了,过滤面板中提供了 15 种过滤的方式,下面主要介绍几种比较常用的方式。

图 8.2　Filter 窗口功能

8.2.1　Butterworth

Butterworth(巴特沃斯滤波器)使用智能的低通平滑算法,将所有的关键帧均化处理,可以最大程度上降低曲线的噪点。但是与普通的平滑方式不同,Butterworth 在去除噪点的同时,不会影响曲线本身的最大或者最小值。所以使用 Butterworth 会智能地将不符合运动规律的一些点去掉,从而得到更加平滑的数据。

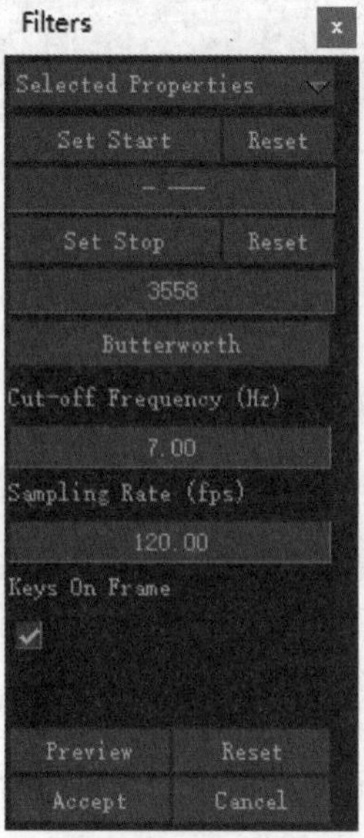

Butterworth 调整的是远远偏离平均值的那些点,因此,对于动作捕捉数据的抖动问题,显然使用 Butterworth 是最佳的选择,在选好了属性类型和过滤区域后,在过滤面板中选择 Butterworth,然后设置过滤的频率和采样频率,如图 8.3 所示。

单击 Preview(预览)按钮,就可以在场景中查看过滤后的效果,预览之后没有问题,则可以单击 Accept(接受)按钮,此时过滤效果才真正赋予到动画上,如果有问题可以单击 Reset(复位)或者 Cancel(退出)按钮。使用 Butterworth 过滤前后的效果对比如图 8.4 所示。

可见通过过滤,偏离平均值的噪点被大大地均化,过滤后的曲线变得更加平滑。

图 8.3　Butterworth 过滤器

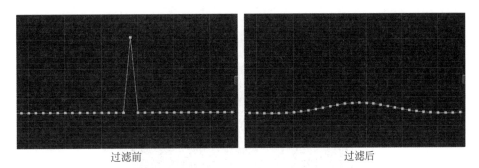

图 8.4　Butterworth 过滤前后的效果对比

8.2.2　Constant Key Reducer

在动作捕捉生成的数据中,系统在每一帧上都用关键帧来记录,而由于运动的状态不同,某些属性可能在一段时间内保持不变,这样就产生了大量的冗余数据,通过 Constant Key Reducer(等值压缩),可以压缩掉那些一直保持不变的关键帧,Constant Key Reducer 过滤前后的效果对比如图 8.5 所示。

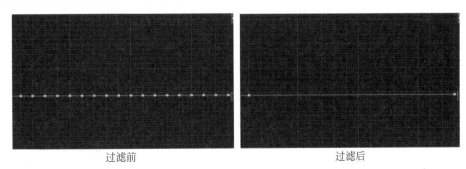

图 8.5　Constant Key Reducer 过滤前后的效果对比

Constant Key Reducer 是一种无损压缩,它对动画本身没有影响,却可以大大降低数据量,所以凡是动作捕捉数据,最好都要进行等值压缩。

8.2.3　Cut

Cut(剪切)的实质就是删除当前的关键帧,然后与之相邻的关键帧会直接相接。对于明显出错发生抖动的关键帧,可以通过 Cut 去掉,Cut 过滤前后的效果对比如图 8.6 所示。

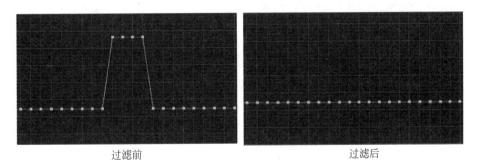

图 8.6　Cut 过滤前后的效果对比

这里要注意的是,Cut 虽然是剪掉了选中的关键帧,但是会自动补齐关键帧,所以并不会删除关键帧,而如果是直接删除,则会删掉关键帧,使用删除关键帧的效果如图 8.7 所示。

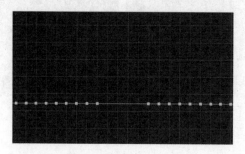

图 8.7　删除关键帧效果

可见,删除关键帧后,中间的部分不会补齐关键帧。

8.2.4　Key Reducing

图 8.8　Key Reducing

Key Reducing(关键帧压缩)与 Constant Key Reducer 类似,同样是用来去掉动作捕捉数据中的冗余,不同的是,Constant Key Reducer 局限于等值的关键帧压缩,而关键帧压缩则有更加丰富的算法来处理冗余信息。

在 Key Reducing 压缩时,首先要定义 Precision(精度),Precision 的默认值为 1,Precision 的值越大,被去掉的关键帧就会越多,如图 8.8 所示。

Constant Key Reducer 属于无损压缩,而 Key Reducing 则属于有损压缩,压缩的精度决定了压缩的强度,精度值越大,被压缩掉的关键帧就越多,而精度值越小,被压缩掉的关键帧就越少。这里要注意对于角色的脚部的旋转,尽量不要使用 Key Reducing,否则可能会造成动作的紊乱。使用 Key Reducing 过滤前后的效果对比如图 8.9 所示。

通过上图可以看出,使用 Key Reducing 之后,大量的关键帧被压缩,而曲线的主要信息得以保留,但是不可避免地造成了一定程度曲线的失真。

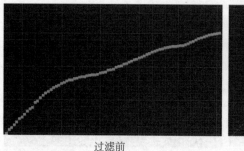

过滤前　　　　　　　　　　　　　　过滤后

图 8.9　Key Reducing 过滤前后的效果对比

8.2.5　Peak Removal

Peak Removal(峰值过滤)可以用来过滤数据中的抖动,当某个关键帧远离相邻的关键帧时,就会产生一个峰值,通常这样的峰值都是属于出错的数据,应该将其过滤掉,使用Peak Removal 过滤前后的效果对比如图 8.10 所示。

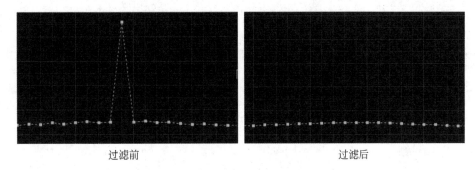

过滤前　　　　　　　　　　　　　过滤后

图 8.10　Peak Removal 过滤前后的效果对比

Peak Removal 可以很好地解决数据的抖动问题,使用 Peak Removal 时首先还是要观察数据的曲线,而不要笼统地选择所有的数据来处理,这样得到的结果往往不够理想。

8.3　定 义 角 色

视频讲解

在完成了角色与动作文件的导入之后,场景之中就有了动作文件与角色文件,在 Navigator 窗口中,选择场景 Sence,单击左边的加号按钮,可以查看并选择场景中所有的对象,如图 8.11 所示。

其中 System 中主要是拍摄时的摄像机,Unlabeled-Markers 是拍摄中产生的噪点,这两部分的内容与最终的动画的制作无关。下面的两个选项分别是拍摄的动作与导入的角色,可以选择 Humanoid:Root,然后选中角色,按键盘上的 W 键,对角色进行平移,移动后的结果如图 8.12 所示。

图 8.11　Navigator 中的场景内容

接下来还是在 Navigator 窗口中,单击 Characters 左侧的加号按钮,展开选项,可以发现目前已经有了一个角色,名为 Humanoid,如图 8.13 所示。

这个定义好的角色就是之前导入的角色,因为之前完成了角色化的工作,所以导入之后就会成为角色,而拍摄的动作文件,则需要再做一次角色化。在 Resource(资源)面板中选择 Assets Browser,在左侧目录中展开 Templates(模板),选择 Characters,在右侧区域选择 Character,如图 8.14 所示。

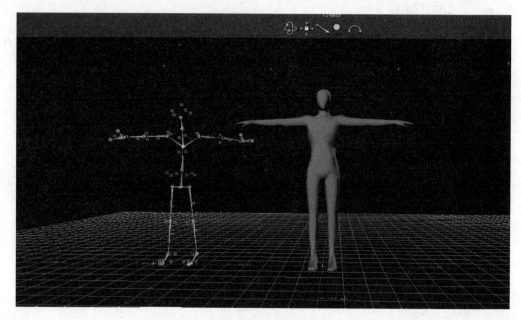

图 8.12　移动角色

图 8.13　在 Navigator 窗口中新建的角色

图 8.14　在 Templates 中选择角色化工具

　　按住鼠标左键,拖动 Character 图标至动作文件的 Hips 骨骼,然后松开鼠标,选择 Characterize,再选择 Biped(两足动物),如图 8.15 所示。

　　这里要注意的是,在角色化的时候,必须保证两点,首先必须是 T-pose 状态,即两手水平伸开的状态,所以一般拍摄的时候都是以 T-pose 来开始,再做其他动作;其次,角色必须是面向 Z 轴的正方向,如果朝向有误,可以使用 E 键,对对象进行旋转,直至朝向正确后再进行角色化。

　　此时,在 Navigator 窗口中的 Characters 中,可以看到,新增了一个名为 Character 的角色,如图 8.16 所示。

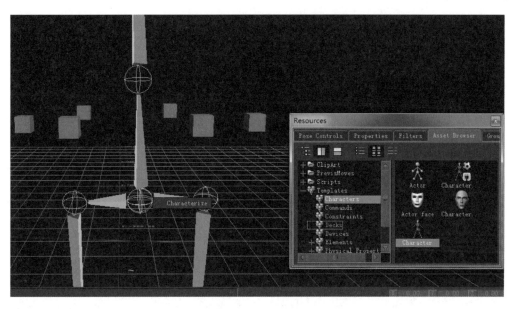

图 8.15　角色化

Character 是系统默认的命名，可以对它进行重命名，以免混淆。在目录中右击，在弹出的菜单中选择 Rename（重命名），将动作文件改名为 Dance，重命名后如图 8.17 所示。

图 8.16　Navigator 窗口中新增的 Character

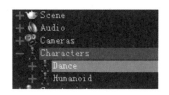

图 8.17　重命名 Character

8.4　用拍摄数据驱动角色

视频讲解

动作捕捉的原理就是用真人的表演，来驱动动画模型，而在前面已经将模型和动作分别进行了角色化，得到了 Humanoid 和 Dance 两个角色，此时如果单击播放，可以看见动作文件是可以正常运动的，而模型文件却不动，如图 8.18 所示。

接下来就让动作文件来驱动模型，在 Navigator 窗口中，选择 Characters，然后选择 Humanoid，双击进入 Character Settings（角色设置），在 Input Type 中选择角色 Character，在 Input Source 中选择动作文件 Dance，然后勾选 Active（激活），如图 8.19 所示。

现在再次单击播放，可以看到角色随着动作文件一起运动，如图 8.20 所示。

可以在 Display（显示）模式中选择 Models Only（仅显示模型），此时场景中的其他对象被隐藏，便于我们观察动作，如图 8.21 所示。

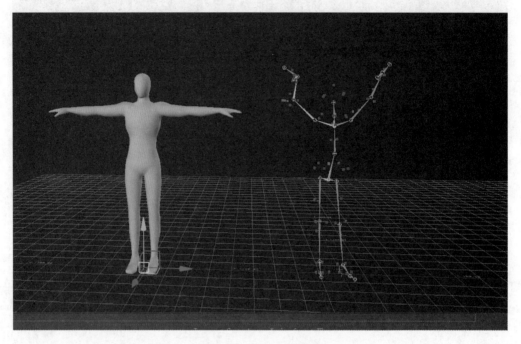

图 8.18　角色未被驱动

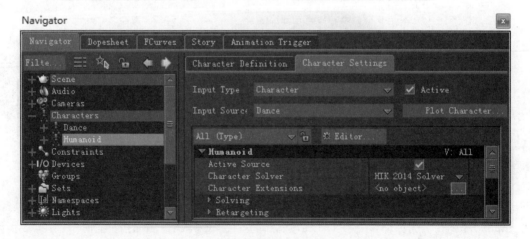

图 8.19　在角色设置中为角色选择 Source

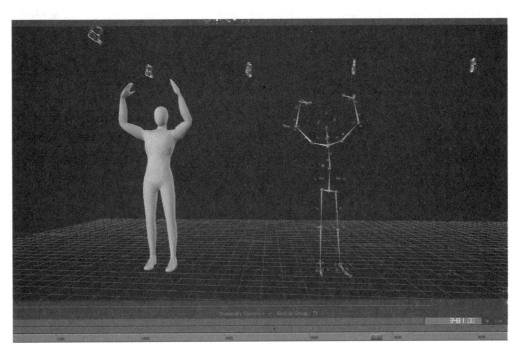

图 8.20 角色被驱动

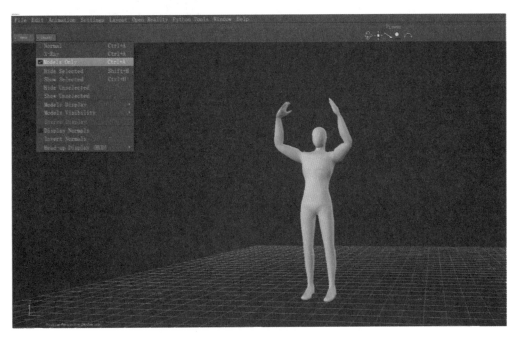

图 8.21 选择显示模式

8.5 烘焙数据

前面已经成功地让动作文件驱动了角色,形成了动画,但此时的动画是一种联结关系,角色脱离了动作文件,就不能动了。我们真正需要的是角色本身的骨骼动画,把动作真正赋予角色,这里称为烘焙(Bake/Plot)。在 Navigator 窗口中选择需要烘焙的 Character,这里选择 Humanoid,双击进入 Character Settings(角色设置),单击 Plot Character(烘焙角色)按钮,然后在弹出的对话框中选择烘焙的目标,如图 8.22 所示。

可以把动作烘焙到骨骼或者控制器上,而且两者可以通过烘焙相互转换,也就是可以把 Skeleton 上的动作烘焙到 ControlRig 上,反之亦然。这里需要注意的是,角色动画任何时候都可以烘焙到 Skeleton 或者 FK/IK 上,但是烘焙到 FK/IK 上的动画,如果送到其他软件中,则不一定被支持,所以如果是在 MotionBuilder 中处理完成的动画,则最好烘焙到 Skeleton 上,以免动作失效;而如果动作还需要在 MotionBuilder 中进一步处理,则尽量烘焙到 FK/IK 上。

选择了烘焙的目标之后,在弹出的窗口中对烘焙进行设置,然后单击 Plot 按钮,执行烘焙,如图 8.23 所示。

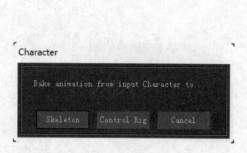

图 8.22 选择烘焙目标   图 8.23 设置烘焙选项

此时动作已经被烘焙到骨骼上。把显示模式改为 X-ray,将骨骼显示出来,再选择任意一块骨骼,然后调整回放区范围,此时,可以看到时间线上已经有了大量的关键帧,如图 8.24 所示。

角色的骨骼有了关键帧,就可以脱离动作文件而成为独立的关键帧动画了。

图 8.24 Trasport Contols 窗口中的关键帧

8.6 删除多余数据

视频讲解

　　动作烘焙之后，角色不再依赖动作文件，因此可以将多余的内容删除，为了彻底删除多余的内容，选择 Schematic 视图，如图 8.25 所示。

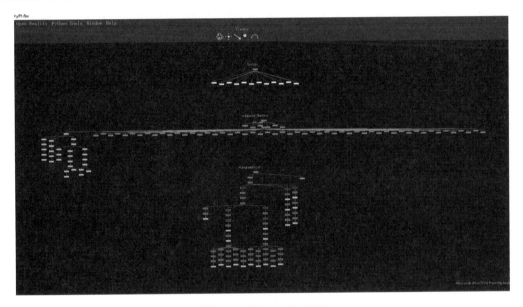

图 8.25 Schematic 视图

　　在这种视图下更容易选择需要删除的对象，除去角色之外，其余的全部选中删除，完成效果如图 8.26 所示。

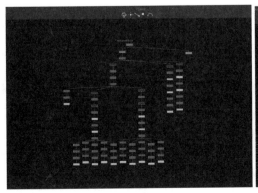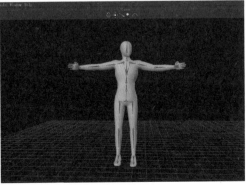

图 8.26 删除多余的内容

此时就得到了干净的角色动画文件,可以通过动画层或者故事板等进一步处理(烘焙到 Control Rig 上),也可以直接送到 Maya 中(烘焙到 Skeleton 上),来进行动作与场景的结合。

8.7 多个角色的处理

视频讲解

在同一次拍摄中,场景中可以容纳多个对象,因此得到的动作文件里面可能包含两个甚至以上人物的情况。但是在后期处理的时候,通常将多个人物分离出来,成为单个的角色。

首先打开动作文件,然后将准备好的模型从资源库中导入到场景中,并使用移动工具,调整模型所在的位置,调整完成后如图 8.27 所示。

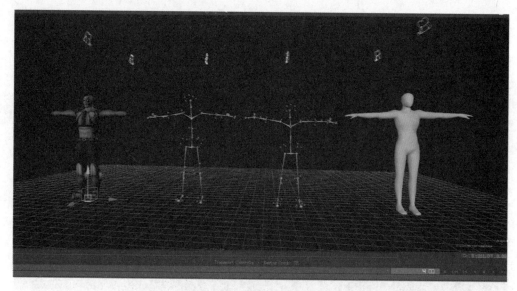

图 8.27 导入多个角色和动作文件

接下来使用前面讲过的方法,对录制的动作文件的两个对象分别进行角色化。这里需要注意的是,系统对新建立的角色会自动进行命名,规则为 Character、Character1、Character2…以此类推,在角色化后,一定要对新建的角色进行命名,以免混淆,命名的方法前文已经介绍过,重命名后的结果如图 8.28 所示。

而我们导入的模型名称也是之前就命名好的,在这个例子中,Aragor 是左侧的模型,而 Humanoid 是右侧的模型。需要事先确定好拍摄的人物所对应的动画模型,这里左侧使用 Aragor,而右侧使用 Humanoid。接下来用同样的方法,使用动作文件驱动模型,注意在选择源对象的时候,不要误选。用 Left 驱动 Aragor,而用 Right 驱动 Humanoid,如图 8.29 所示。

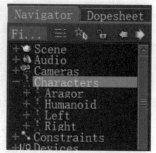

图 8.28 Navigator 窗口中
重命名后的结果

此时,两个角色都被驱动了,调整角色的位置,并将显示模式切换到 Models only,如图 8.30 所示。

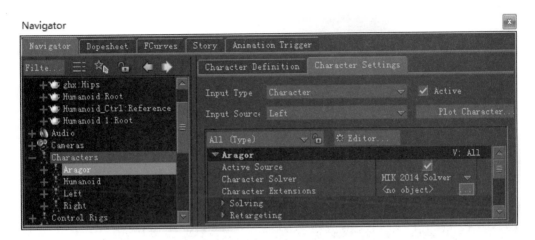

图 8.29　分别选择角色的源对象

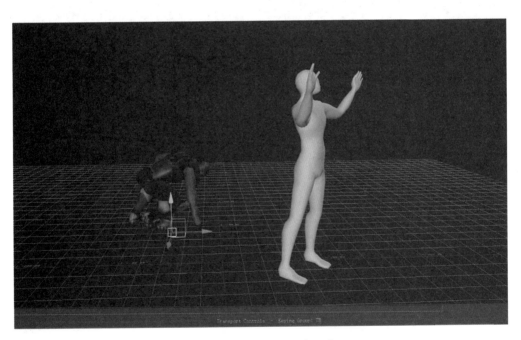

图 8.30　两个角色均被驱动

最后一个步骤就是动作的烘焙,在多个角色的场景中,为了后期调整的便利,通常会将角色烘焙为单独的文件,因此需要先将文件另存一个副本。首先来烘焙左侧的角色 Aragor,在 Navigator 窗口中,选择角色 Aragor,然后单击 Plot Character 按钮进行烘焙,方法与烘焙单个角色相同,然后在 Schematic 面板中,删除 Aragor 之外的所有内容。完成之后如图 8.31 所示。

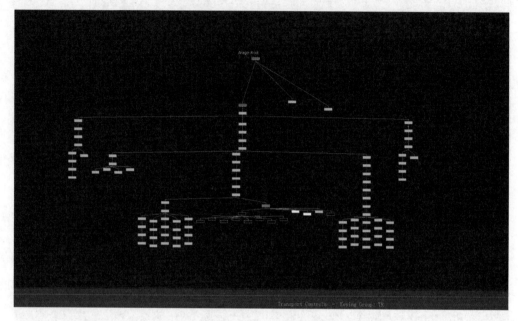

图 8.31　删除多余内容后的结果

然后打开之前保存的副本,对第一个角色进行烘焙,方法与第一次相同,对多余的文件进行删除,最后就得到了与角色对应的干净的文件。

8.8　仅有 Marker 点的动作捕捉文件处理

Blade 软件在捕捉之前已经为角色建立骨骼,所以得到的动作文件是骨骼动画。如果采用其他形式的动作捕捉设备,可能得到的动作捕捉文件仅有演员身上 Marker 点的运动数据,例如 C3D 格式等。因此不能直接得到骨骼动画用于驱动动画角色。这就需要对捕捉好的文件进行处理,使得它最终能够驱动动画角色。

在 MotionBuilder 中可以通过 Actor(演员)功能来实现,将拍摄得到的 Marker 点定义为一个 Actor,然后使用 Actor 来驱动动画角色。下面介绍具体的操作方法。

8.8.1　创建 Actor 并与 Marker 点匹配

首先打开动作捕捉得到的文件,如图 8.32 所示。

可见打开的文件中除了 Marker 点之外,没有其他数据。在 Character Controls 窗口中,选择 Create-Actor 来创建一个演员。在 Viewer 中可以看到

视频讲解

图 8.32 打开动作捕捉文件

我们创建的 Actor,如图 8.33 所示。

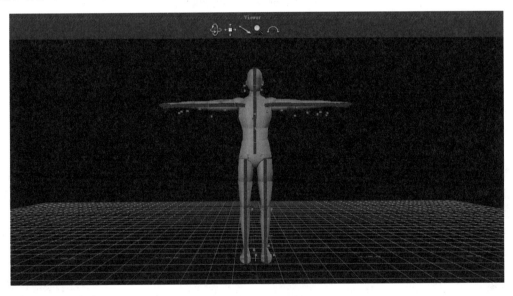

图 8.33 创建 Actor

可见创建的 Actor 接近于一个模型的实体,同时也具备基本的骨骼。与正常的模型不同,Actor 可以直接选择身体的部位,并进行移动或者旋转操作,而不需要选择骨骼或者控制器。所以可以在 Character Controls 窗口中,将 Actor 的骨骼隐藏起来。

在 Character Controls 窗口中,也可以看到我们建立的 Actor,其名称为 Actor,在 Actor 的导览模型上可以直接对 Actor 身体的各部位进行选择,如图 8.34 所示。

蓝色的部位表示当前为选中状态,也可以直接在 Viewer 窗口中进行选择。接下来,需要将新建的 Actor 和动作捕捉得到的 Marker 点进行位置、大小和姿势的匹配。

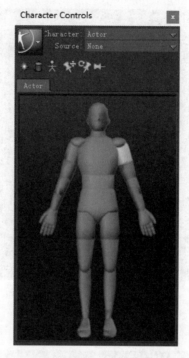

图 8.34　在 Character Controls 窗口中选择 Actor 身体部位

　　在匹配之前，首先要保证 Marker 点处在标准的 T-Pose，在之前已经介绍过，在动作捕捉拍摄时，通常会以 T-Pose 作为起始动作。找到 T-Pose 之后，就可以结合前视图、右视图、俯视图来调整 Marker 点和 Actor 的位置，使它们完全匹配，如图 8.35 所示。

　　这里 Marker 点和 Actor 的大小也不完全匹配，所以需要进行调整，这里调整 Marker 点，调整的结果如图 8.36 所示。

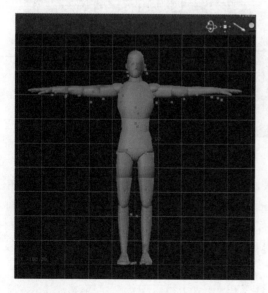

图 8.35　调整 Marker 点和 Actor 位置

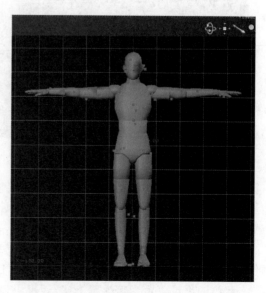

图 8.36　调整 Marker 点大小

　　至此,Marker 点和 Actor 的位置和大小已经基本一致,接下来还需要对 Actor 的姿势进行微调,使它与 Marker 点相匹配,直接选择需要调节的部位,然后通过选择工具来调节,调整后的结果如图 8.37 所示。

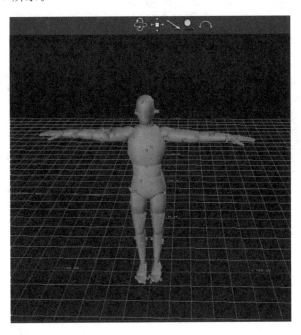

图 8.37　调整后的结果

　　这里需要注意的是,虽然可以对 Actor 进行微调,但是如果演员在表演时的 T-Pose 不标准,还是会导致匹配困难,以至于最终动作走样,所以演员在表演时一定要尽量做出足够标准的 T-Pose。

8.8.2　映射 Marker 点到 Actor

　　在完成了 Marker 点和 Actor 的匹配之后,就可以在 Marker 点和 Actor 之间建立映射关系,从而实现以 Marker 点来带动 Actor 运动。

视频讲解

　　映射工作主要在 Navigator 窗口中完成。在 Navigator 窗口左侧的树状目录中,找到 Actors 中的 Actor,注意这里的 Actor 是之前所新建的 Actor 的名称,可以根据需要对 Actor 进行重命名,如果场景中有多个 Actor,则一定要弄清楚每一个 Actor 的名称。找到之后双击 Actor 名称打开右侧的 Actor Settings,如图 8.38 所示。

　　单击 MarkerSet 按钮,并在弹出的菜单中选择 Create 来创建一组 Marker 点映射,创建了 MarkerSet 之后,在 Actor Settings 中的 Actor 模型上预览身体的各个部位,此时出现了球状标签,标签上的数字代表该 MarkerSet 映射的 Marker 点数量,默认都为 0,在添加映射之后,会显示映射的 Marker 点的数量。在左侧的树状目录中,添加了 MarkerSet 目录,如图 8.39 所示。

　　MarkerSet 用于和 Marker 点建立映射,接下来需要将身体不同部位的 Marker 点分配到相应的 MarkerSet 上。

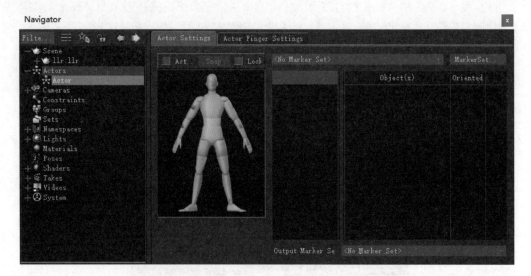

图 8.38　在 Navigator 窗口中打开 Actor Settings

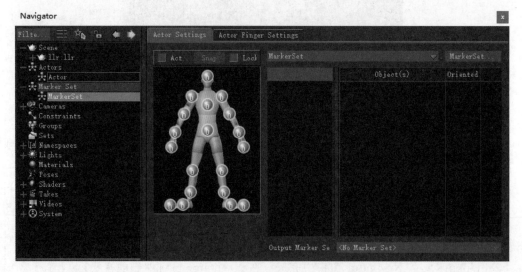

图 8.39　添加 MarkerSet 目录

　　建立映射首先需要在 Viewer 窗口或者 Navigator 窗口中选中 Marker 点,接下来将选中的 Marker 点拖曳到相应的 MarkerSet 上的 Object 即可。在拖曳时,如果是从 Viewer 窗口中选择,则需要按住 X 键来拖曳,而如果是从 Navigator 窗口中拖曳,则需要按住 Alt 键进行拖曳。建立映射后,在 Actor Settings 面板中,可以看到 MarkerSet 上映射的 Marker 点数量,单击 MarkerSet 按钮可以查看到与之映射的 Marker 点列表,如图 8.40 所示。

　　依次完成所有 MarkerSet 的映射后,在 Actor Settings 面板中,勾选 Active(激活),激活后真正完成了 Marker 点对 Actor 的驱动,在 Transport Controls 窗口中单击播放按钮,可以看到 Actor 已经可以随着 Marker 点运动,如图 8.41 所示。

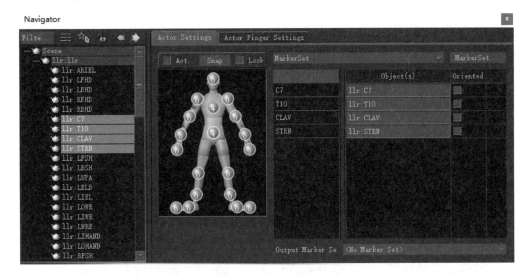

图 8.40　MarkerSet 与 Marker 点映射

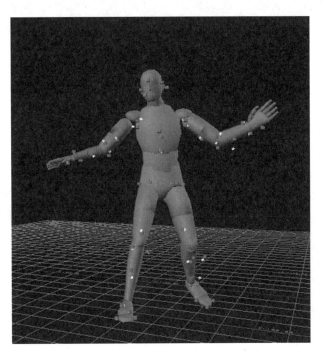

图 8.41　完成映射后的结果

8.8.3　Actor 驱动角色

视频讲解

完成了 Marker 点和 Actor 的映射后,动作捕捉文件可以带动 Actor,但是 Actor 没有骨骼,因此也不能角色化。为了让 Actor 驱动角色运动,MotionBuilder 可以直接让 Actor 作为角色动作的 Source,这样就在不需要骨骼的情况下,完成了动作的传递。

在场景中添加角色化好的角色,如图 8.42 所示。

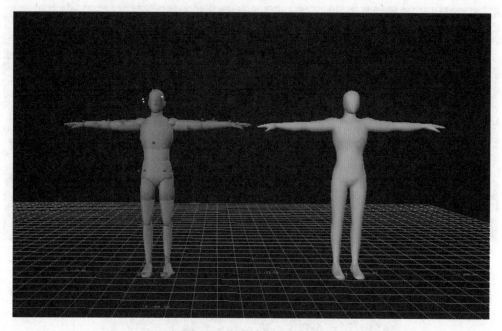

图 8.42　添加角色到场景中

使用 Actor 驱动角色的方法与前面使用角色的方法类似,首先在 Navigator 窗口或者 Character Controls 窗口中选择需要驱动的角色,然后在 Character Settings 中将 Input Type 设置为 Actor,再在 Input Source 中选择制作好的 Actor,最后勾选 Active 来激活,如图 8.43 所示。

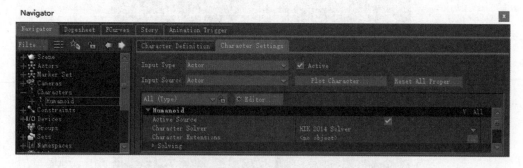

图 8.43　在 Character Settings 中设置角色的驱动方式

也可以在 Character Controls 窗口中进行设置,如图 8.44 所示。

此时在 Transport Controls 窗口中单击"播放"按钮,就可以看到角色随着 Actor 一起运动,如图 8.45 所示。

之后的步骤与前面类似,需要将动作烘焙到角色的骨骼或者控制器上,然后删除 Actor 和 Marker 点即可,这里就不再赘述。

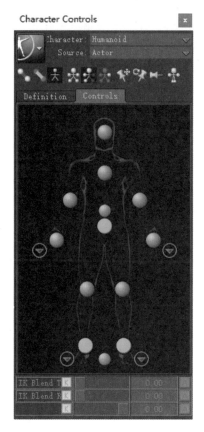

图 8.44 在 Character Controls 窗口中设置角色驱动方式

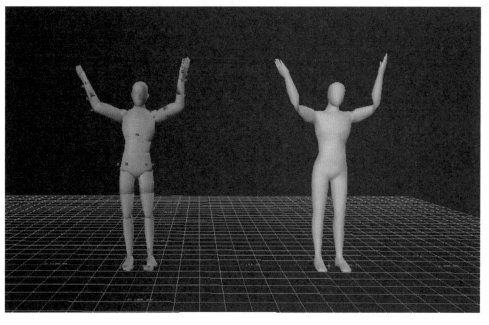

图 8.45 Actor 驱动角色

思考与练习

1. 如何在 MotionBuilder 中导入角色和动作文件？

2. 为什么要对动作捕捉数据进行过滤？在 MotionBuilder 中有哪些过滤数据的方式？

3. 简述使用动作文件驱动角色的流程。

4. 对于仅有 Marker 点的动作文件如何通过 Actor 来驱动角色？

第9章

Chapter 09 [动 画 层]

9.1 动画层简介

动画层可以实现关键帧动画的混合,以实现在不完全覆盖原有动画的前提下,对已有动画进行局部的调整,并且可以直接对混合的结果进行预览以及导出。

在 MotionBuilder 中,每一个动画层都可以添加关键帧,在一个新的场景中会有一个默认的 BaseAnimation 层,新建的层会添加到 BaseAnimation 的上方,在上方的层中添加的关键帧会影响到下方的层。可以用上方层的动画直接替换下方的动画,也可以将上方层的动作叠加给下方的层。

例如一个使用动作捕捉制作的角色的走路动画,可以利用动画层来添加一个角色的头部摆动动作,但是不影响到角色身体的其他部分。

9.2 Animation Layers 窗口

Animation Layers 窗口用于创建和编辑层。其各部分的功能如图 9.1 所示。

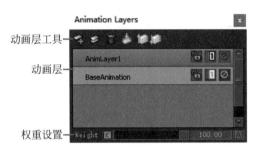

图 9.1 Animation Layers 窗口

Animation Layers 窗口中的主要区域用来显示在创建中创建的层。Animation Layers 窗口的上方是动画层工具,可以用于层的创建、复制、删除以及合并等。Animation Layers 窗口的下方是权重设置,用来设置各层的权重。

在动画层中,只有当前层可以被编辑,单击动画层可以使它成为当前层,当前层以蓝底显示。在每一个动画层的右侧都有三个按钮,分别为 Lock、Solo 和 Mute,对应菜单中的相应功能,Lock 用于锁定动画层,Solo 用于只播放当前动画层的动画,Mute 则不播放当前动画层的动画。

在动画层中,BaseAnimation 动画层的权重默认为 100,且不可更改,而其他的动画层则可以通过调整权重的方式来实现与其他动画层的混合。

9.3 Animation Layers 菜单

在选定的动画层上右击,可以弹出 Animation Layers 菜单,如图 9.2 所示。
Animation Layers 菜单各命令的功能如表 9.1 所示。

图 9.2　Animation Layers 菜单

表 9.1　Animation Layers 菜单功能

菜　单　项	功　　能
New Layer	创建一个新的动画层
Mute	不播放选中动画层的动画
Solo	不播放其他动画层的动画
Lock	锁定选中的动画层,使得动画层不能添加编辑或者删除关键帧
Rename	重命名选中的动画层,注意动画层的名称中不要加空格
Cut	剪切选中的动画层
Copy	复制选中的动画层
Paste	将复制或者剪切的动画层,粘贴到当前动画层的上方
Delete	删除选中的动画层,注意 BaseAnimation 层不可删除
Merge	打开 Merge 对话框来合并动画层
Clear Animation on Layer	删除选中动画层中所有的关键帧
Layer Mode	选择动画层模式,包括 Additive、Override 以及 Passthrough 选项等
Layer Accumulation	选择动画层的累积模式,包括 Per Layer 和 Per Channel 两种。Per Layer 模式下 Rotation 关键帧优先计算层,而 Per Channel 模式下优先计算属性

9.4　使用动画层修正动画

视频讲解

　　在使用动画层修正动画时,首先使用动画层工具中的 New Layer 来新建一个动画层,然后在新建的层上右击,在弹出的菜单中选择 Layer Mode(层模式),如图 9.3 所示。

　　MotionBuilder 中的 Layer Mode 有 Additive(追加)和 Override(覆盖)两种。

　　Additive Mode 是在原有层的动作上追加新层上的动作,相当于二者之和。适用于对原有动作的微调。

　　Override Mode 则是用新层的动作直接替换掉原有的动作,下方层的动作不再起作用。在选择 Override 时,还可以选择 Passthrough。在不选择 Passthrough 时,上方动作直接替代下方动作。而选择了 Passthrough 之后,可以在上下层之间实现动作的混合,混合的比例由权重来控制,当权重为 100 时,上方的动作完全替代下方层,而权重为 0 时,则上方层的动作不影响下方,权重为 50 时,上下层的动作各占一半。

例如要在一段角色走路的动画中,希望让角色的手握拳,就可以通过动画层来实现。走路动画如图 9.4 所示。

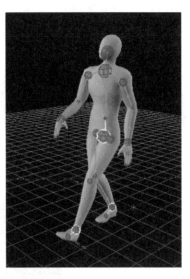

图 9.3 选择 Layer Mode 图 9.4 走路动画

首先新建一个动画层,并将 Layer Mode 设置为 Additive,如图 9.5 所示。

选中新的动画层,在 Viewer 窗口中,调整角色的手指动作,完成之后如图 9.6 所示。

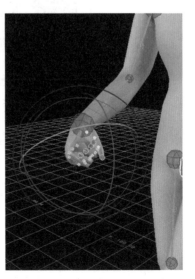

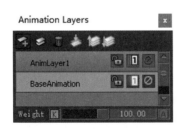

图 9.5 设置 Layer Mode 为 Additive 图 9.6 调整手指动作

在 Key Controls 窗口中单击 Key 按钮创建一个 Body Part 关键帧,这样,在整个动画过程中,AnimLayer1 中的关键帧动作就被追加到原有动画的基础上,角色的手在行走的过程中会始终握拳。这里需要注意的是,AnimLayer1 层中仅有一个关键帧,而且对关键帧的位置没有要求。

如果仅仅需要对动画的某一段进行调整,就需要更多的关键帧,例如想在角色行走的过程中,添加一个回头看的动作。

首先还是添加一个动画层,接下来需要确定动画的起止时刻,并分别添加一个 Zero 关键帧。例如在 30 帧和 60 帧为角色的头部添加两个 Body Part 关键帧,然后在 45 帧添加一个头部的 Body Part 关键帧,并旋转角色的头部,这样就有三个关键帧,如图 9.7 所示。

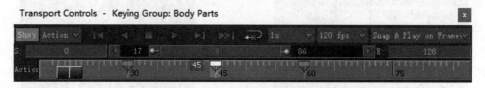

图 9.7 Transport Controls 窗口中的关键帧

完成后的动画如图 9.8 所示。

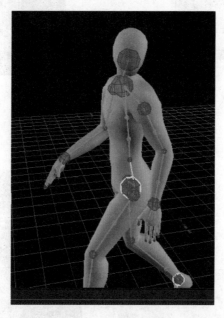

图 9.8 动画层结果

在这三个关键帧中,起止的关键帧决定了 AnimLayer1 的作用范围,只有在这两个关键帧之间的动作才起作用。而如果没有起止关键帧,则关键帧的作用范围会扩展到整个动画上。

9.5 动画层的合并

在完成了动画层的修正之后,虽然可以在 Viewer 窗口中进行预览,但是各层的关键帧依然是独立的,如果要得到动画层的最终效果,还需要对动画层

视频讲解

进行合并。

按住 Shift 键对动画层进行复选，选中需要合并的动画层，如图 9.9 所示。

单击 Merge Layer 按钮，进入 Merge 窗口，如图 9.10 所示。

在 Layers 中可以选择需要合并的层，是当前选中的层还是所有层；在 Properties 中可以选择合并所有属性还是选中属性；在 Objects 中可以选择选中对象或全部场景。勾选 Delete Merged Layers 可以删除被合并的动画层，勾选 Merge Locked Properties 可以合并锁定的属性。设置完成之后单击 Merge 按钮进行合并。合并之后，删除了被合并的层，如图 9.11 所示。

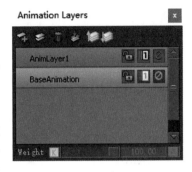

图 9.9　选中要合并的动画层

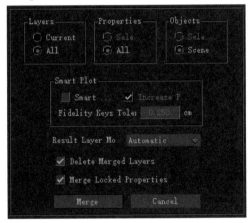

图 9.10　Merge 窗口

图 9.11　合并后的结果

而角色的动作已经是合并后的效果，可以直接导出或者进行进一步的处理。

思考与练习

1. 什么是动画层？它的主要功能是什么？
2. 动画层有哪些类型？各有什么区别？
3. 如何使用动画层修正动画？

第 10 章

Chapter 10 **创建约束**

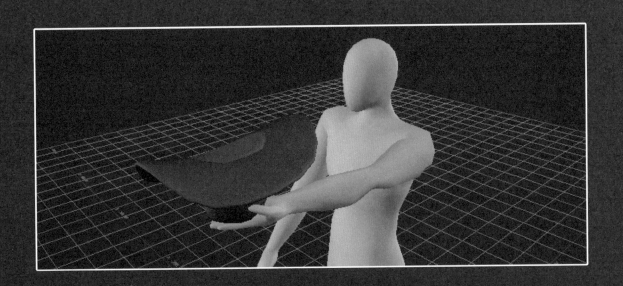

在现实生活中,存在着各种各样的约束,如重力作用把我们约束在地面上、狗通常会被主人的绳子约束等。在三维动画中,为了模拟这种关系需要创建约束。约束能让一个没有动画的对象链接到一个有动画的对象上,然后让它们同时产生动画,使用约束可以让角色拿起一个对象。如图 10.1 所示的球和角色的手之间就建立了一个 Parent/Child(父子约束)。

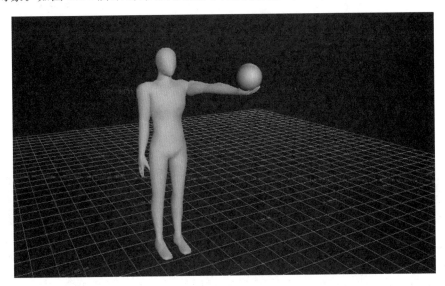

图 10.1 父子约束

在球上没有任何的关键帧动画,但是随着角色手的运动,球也会跟随着角色的手来运动,还可以对约束添加关键帧动画,让约束只在指定的时间内生效。约束在本质上来说,是让源对象和被约束的对象的位置产生关联,也就是被约束对象的 Translation 和 Rotation 的值受源对象影响,影响的程度则由用户来定义,就如牵狗时,狗绳的长度是 2m,则狗就只能在主人 2m 以内的范围内移动。在 MotionBuilder 中,一个角色的控制器本身就有着丰富的约束,例如角色的肩膀在移动时,相应的手臂和手等部位也随着运动。

Constraints 资源在 Asset Browser 窗口中,一共有 14 种,如图 10.2 所示。

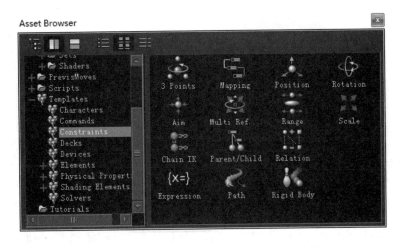

图 10.2 Constraints 资源在 Asset Browser 窗口中

10.1 约束分类

使用约束既可以建立简单的关联关系,也可以通过表达式来建立复杂的关联关系,根据关联方式的不同,可以把约束分为三个类型:Simple Constraint、Expression Constraint、Relation Constraint。

1. Simple Constraint

Simple Constraint(简易约束)使用比较简单的公式来进行约束,在设置中填入需要约束的对象即可。绝大多数的约束都是这类,属于基础的约束类型,如 Parent/Child Constraint,如图 10.3 所示。

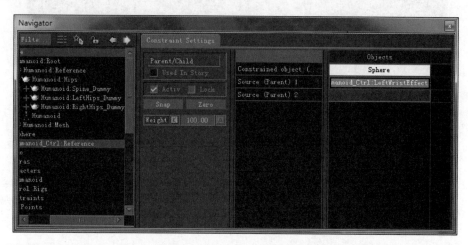

图 10.3 Simple Constraint

2. Expression Constraint

Expression Constraint(表达式约束)是通过填入表达式来建立更加复杂的约束关系,如图 10.4 所示。

图 10.4 Expression Constraint

3. Relation Constraint

Relation Constraint(关系约束)是在图表上,通过点和线的连接来建立对象间的关系从而确定约束关系的方法,如图 10.5 所示。

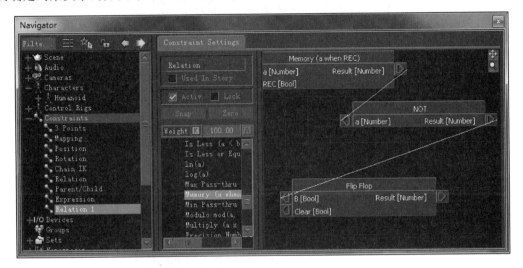

图 10.5　Relation Constraint

10.2　添 加 约 束

视频讲解

打开 Asset Browser 窗口,选择 Templates 中的 Constraints,然后选择任意一种约束,按住鼠标左键将其拖动到 Viewer 窗口中,松开鼠标即可添加一个约束,添加约束之后,可以在 Navigator 窗口中查看添加的约束,如图 10.6 所示。

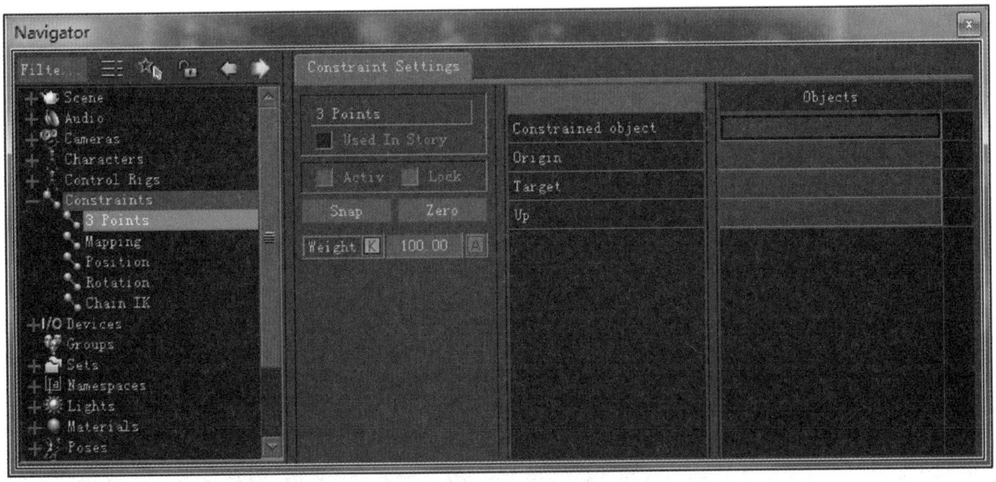

图 10.6　在 Navigator 窗口中查看已添加的约束

也可以在 Navigator 窗口的 Scene Browser 中，右击 Constraints，在弹出的菜单中选择 Insert Constraint，然后选择需要添加的约束类型来添加约束，如图 10.7 所示。

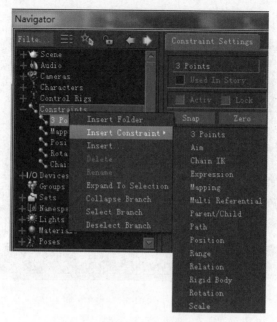

图 10.7　在 Scene Browser 中添加约束

10.3　约 束 设 置

视频讲解

约束设置包括激活、取消、锁定约束以及其他约束行为的设置，可以通过 Navigator 窗口或者 Properties 窗口来进行约束设置，如图 10.8 和图 10.9 所示。

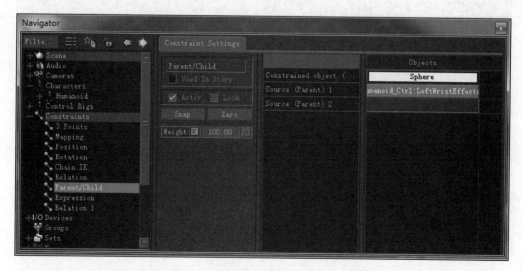

图 10.8　在 Navigator 窗口中进行约束设置

图 10.9 在 Properties 窗口中进行约束设置

Constraint Settings 窗口包括以下几个方面：Constraint Type、Used In Story indicator、Active Option、Lock Option、Snap Button、Zero Button 和 Weight Setting 等，如图 10.10 所示。

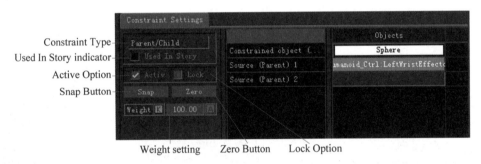

图 10.10 Constraint Settings 窗口

1. Constraint Type

Constraint Type(约束类型)显示当前约束的类型,若选择了 Constraint Type,在设置中就不能修改了。但是它可以始终显示约束类型,即便修改了约束的名称。

2. Used In Story indicator

Used In Story indicator(在 Story 中使用)用于显示当前约束是否在 Story 中使用。

3. Active Option

Active Option(激活约束)用于激活约束。

4. Lock Option

Lock Option(锁定约束)用于锁定被约束的对象,当锁定之后,对象不能再被移动,以免意外的移动造成约束出现改变。

5. Snap Button

Snap Button(吸附按钮)也可以用于激活约束,但是与 Active Option 不同的是,Snap Button 会保存当前的被约束对象和源对象之间的偏离状态,而 Active Option 则不会。

6. Zero Button

Zero Button(0值按钮)用于让被约束的对象回到初始的位置。

7. Weight Setting

Weight Setting(权重设置)用于设置权重的强度,也可以添加关键帧来动态地改变权重从而实现约束的动态变化。

10.4 约束应用

视频讲解

在 MotionBuilder 中,一共提供了 14 种不同的约束,其功能和使用方法如下。

1. 3 Points constraint

3 Points constraint(三点约束)利用三个对象的位置来约束另一个对象。因此在 3 Points constraint 中要设置 4 个对象,分别为 Constrained object、Origin、Target 和 Up。可以在 Viewer 窗口或者 Navigator 窗口中选择相应的对象拖动到 Constraint Settings 中的相应字段,如图 10.11 所示。

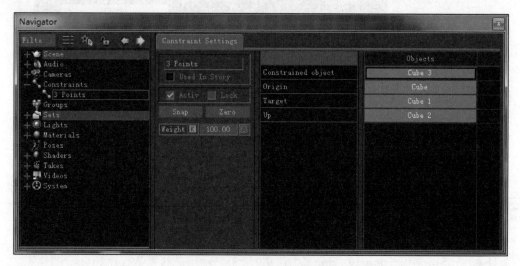

图 10.11　3 Points constraint

当使用光学动作捕捉系统来采集动作时,只能记录每一个 Marker 点在三维空间中的 Translation 数据,却不能得到其 Rotation 数据,但可以通过三个 Marker 点的 Translation 数据来得到一个 Rotation 数据。当激活 3 Points constraint 时,被约束对象的 X 轴数据由 Origin 和 Target 来决定,而 Y 轴数据由 Up 来决定,如图 10.12 所示。

2. Position constraint

Position constraint(位置约束)使用源对象的位置来约束被约束对象的位置。因此在 Position constraint 中只需要设置 2 个对象,分别为 Constrained Object 和 Source,也可以使用多个 Source 来控制一个对象。可以在 Viewer 窗口或者 Navigator 窗口中选择相应的对

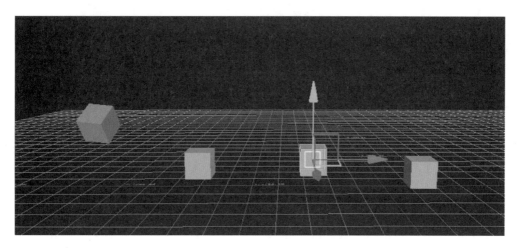

图 10.12　3 Points constraint 效果

象拖动到 Constraint Settings 中的相应字段,如图 10.13 所示。

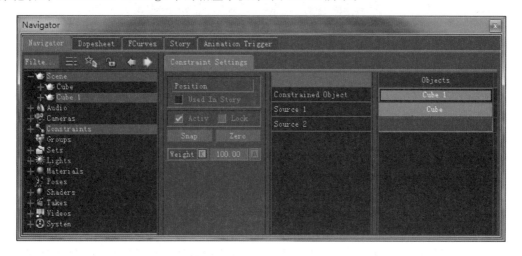

图 10.13　Position constraint

Position constraint 只能约束对象的位置,也就是 Translation 值产生关联,而对象的 Rotation 并不会产生关联,无论如何旋转源对象,被约束对象也不会产生变化,如图 10.14 所示。

3. Rotation constraint

Rotation constraint(旋转约束)使用源对象的旋转来约束被约束对象的旋转。因此在 Rotation constraint 中只需要设置 2 个对象,分别为 Constrained Object 和 Source,也可以使用多个 Source 来控制一个对象。可以在 Viewer 窗口或者 Navigator 窗口中选择相应的对象拖动到 Constraint Settings 中的相应字段,如图 10.15 所示。

Rotation constraint 只能约束对象的旋转,也就是 Rotation 值产生关联,而对象的 Translation 并不会产生关联,无论如何移动源对象,被约束对象也不会产生移动,如图 10.16 所示。

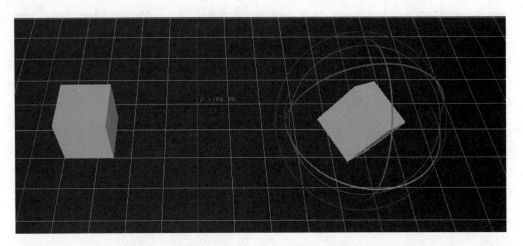

图 10.14　Position constraint 效果

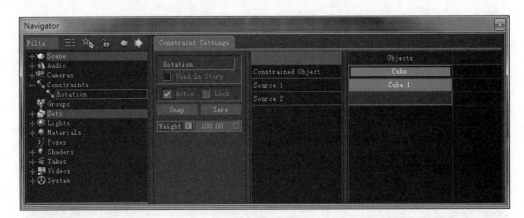

图 10.15　Rotation constraint

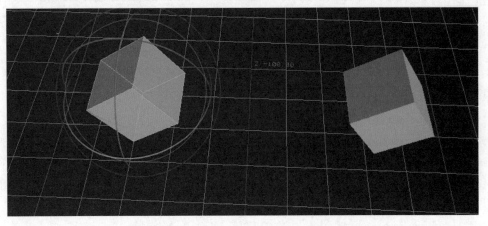

图 10.16　Rotation constraint 效果

4. Range constraint

Range constraint（范围约束）使用源对象来约束被约束对象的移动范围，然后使用另一个 Pulling 对象来约束对象的位置。因此在 Range constraint 中只需要设置 3 个对象，分别为 Constrained object 、Source 和 Pulling object，也可以使用多个 Pulling object 来控制一个源对象。可以在 Viewer 窗口或者 Navigator 窗口中选择相应的对象拖动到 Constraint Settings 中的相应字段，如图 10.17 所示。

图 10.17 Range constraint

Source 主要用来定义被约束对象移动的范围，定义了 Source 之后，被约束对象以 Source 为中心，Pulling object 则用于控制被约束对象的位置。当 Pulling object 引导被约束对象运动时，每当经过 Source 对象时，被约束对象都会穿过 Source 对象，而不是完全随着 Pulling object 来运动。Range constraint 只能约束对象的位置，也就是 Translation 值产生关联，而对象的 Rotation 并不会产生关联，无论如何旋转 Pulling object，被约束对象也不会产生旋转，如图 10.18 所示。

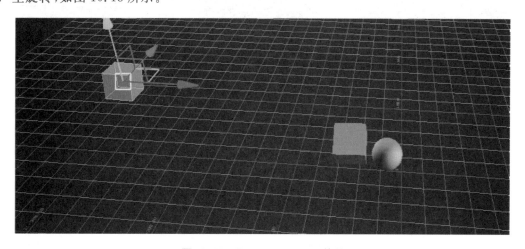

图 10.18 Range constraint 效果

5. Scale constraint

Scale constraint(缩放约束)使用源对象来约束被约束对象的缩放,因此在 Scale constraint 中只需要设置 2 个对象,分别为 Constrained Object 和 Source,也可以使用多个 Source 来控制一个源对象。可以在 Viewer 窗口或者 Navigator 窗口中选择相应的对象拖动到 Constraint Settings 中的相应字段,如图 10.19 所示。

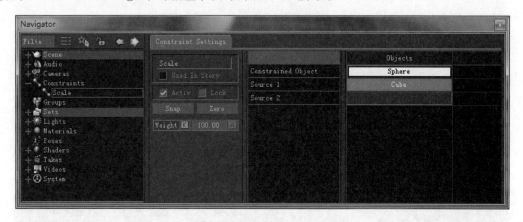

图 10.19　Scale constraint

Scale constraint 只能约束对象的缩放,也就是 Scaling 值产生关联,而对象的 Translation 和 Rotation 并不会产生关联,无论如何移动和旋转源对象,被约束对象也不会产生移动和旋转,如图 10.20 所示。

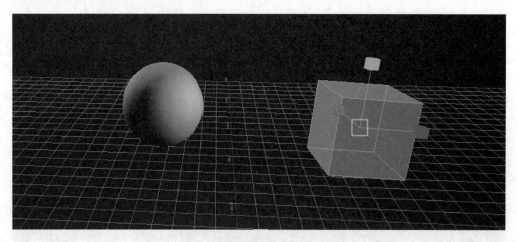

图 10.20　Scale constraint 效果

6. Path constraint

Path constraint(路径约束)用来将对象约束到路径上,并在 Transport Controls 中形成路径动画。在 Path constraint 中只需要设置 2 个对象,分别为 Constrained Object 和 Path Source。可以在 Viewer 窗口或者 Navigator 窗口中选择相应的对象拖动到 Constraint Settings 中的相应字段,如图 10.21 所示。

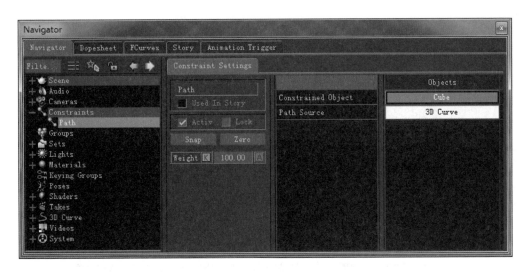

图 10.21　Path constraint

Path constraint 和其他的约束不同,它是将对象约束到特定的 3D Curve 上,而不能使用普通对象。因此要设置 Path constraint 首先必须建立一条 3D Curve。在 Asset Browser 窗口的左侧展开 Templates,选择 Elements,在右侧双击 3D Curve,然后使用鼠标左键,在 Viewer 窗口中依次单击来建立曲线的节点,如图 10.22 所示。

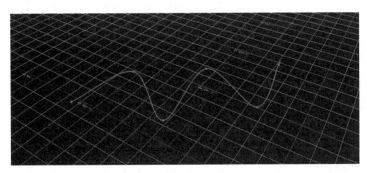

图 10.22　建立三维曲线

完成之后,按 Enter 键进行确认。建立好 3D Curve 之后,就可以将对象约束到三维曲线上,在 Transport Controls 窗口中,将回放区的范围设置为至少 300 帧,动画的时间长度与 3D Curve 也有关系,此时,单击播放按钮,可以看到被约束的对象沿着 3D Curve 进行移动。

7. Relation constraint

Relation constraint(关系约束)使用一个图形界面——关系面板,以连线的方式在对象间来建立关系,例如要在球体和立方体的旋转建立关系,只需要将二者连线即可,如图 10.23 所示。

除了对象之间建立联系之外,MotionBuilder 还提供了其他的方法来约束对象,如布尔运算等,可以把这些对象也加入到关系面板中,并与要约束的对象之间建立关系,如图 10.24 所示。

我们使用了 Add(R1＋R2)的方法,Sphere 和 Cube 作为源对象,Cube1 和被约束对象,将 Sphere 和 Cube 的 R 值相加得的值,作为 Cube1 的 R 值。此时 Cube1 的旋转同时受 Sphere 和 Cube 影响,如图 10.25 所示。

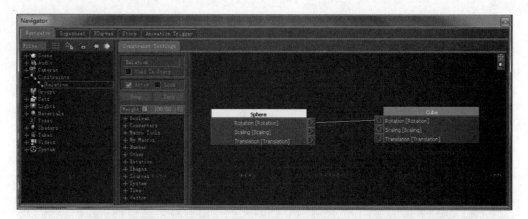

图 10.23　Relation constraint

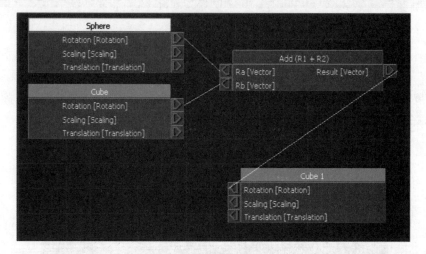

图 10.24　建立关系

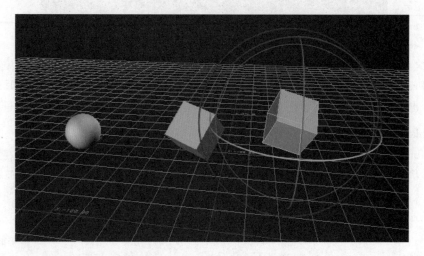

图 10.25　Relations constraints 效果

8. Parent/Child constraint

Parent/Child constraint（父子约束）为两个对象建立父子关系，子对象可以完全继承父对象的移动和旋转，跟随父对象来进行运动。因此在 Parent/Child constraint 中只需要设置 2 个对象，分别为 Constrained object（Child）和 Source（Parent），也可以使用多个 Source 来控制一个对象。可以在 Viewer 窗口或者 Navigator 窗口中选择相应的对象拖动到 Constraint Settings 中的相应字段，如图 10.26 所示。

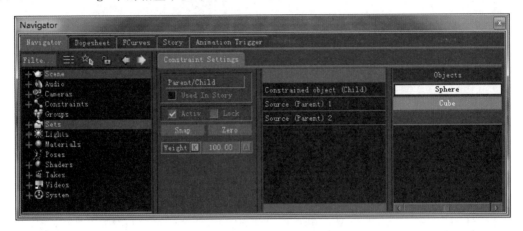

图 10.26　Parent/Child constraint

Parent/Child constraint 在制作角色动画时非常有用，可以用于在角色和道具之间建立联系，例如让角色拿起某个道具，道具会自动跟随角色一起运动，如图 10.27 所示。

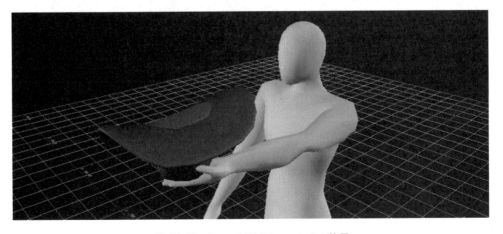

图 10.27　Parent/Child constraint 效果

9. Aim constraint

Aim constraint（瞄准约束）让一个被约束对象的方向始终指向指定的对象。在 Aim constraint 中需要设置 3 个对象，分别为 Constrained Object、Aim At Object 和 World Up Object，也可以使用多个 Aim At Object 来控制一个对象。可以在 Viewer 窗口或者 Navigator 窗口中选择相应的对象拖动到 Constraint Settings 中的相应字段，如图 10.28 所示。

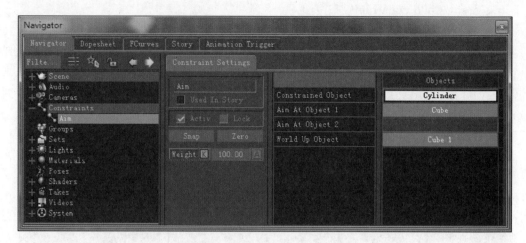

图 10.28 Aim constraint

Aim constraint 只能约束对象的旋转，让对象随着 Aim At Object 来转动，但被约束对象不会产生移动，如图 10.29 所示。

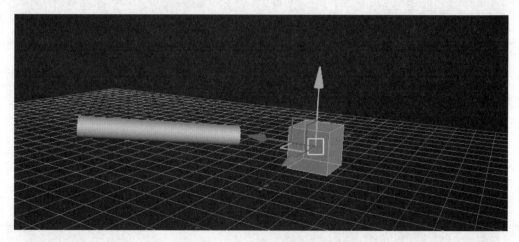

图 10.29 Aim constraint 效果

如果需要还可以在 World Up Object 中添加对象来制定对象的轴向。

10. Chain IK constraint

Chain IK constraint(IK 约束)使用反向动力学来约束对象，它可以在对象之间建立链接关系。在 Chain IK constraint 中需要设置 First Joint(首节点)、End Joint(尾节点)、Effector(控制器)、Floor(地面)和 Pole Vector Object(指向对象)等对象。可以在 Viewer 窗口或者 Navigator 窗口中选择相应的对象拖动到 Constraint Settings 中的相应字段，如图 10.30 所示。

11. Expression constraint

Expression constraint(表达式约束)使用类似 Excel 的表格，并通过表达式来建立对象

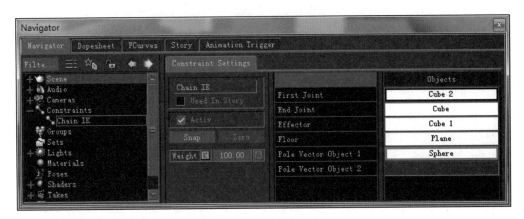

图 10.30 Chain IK constraint

之间的关系。首先需要将被约束对象拖动到表格中,并设置为 Receiver,然后将源对象拖动到表格中,并设置为 Sender。Receiver 和 Sender 分别有三个项目即 R、S、T,Receiver 后面有一个等号,在建立约束时,只需要在 Receiver 相应的值后面建立表达式即可,如图 10.31 所示。

图 10.31 Expression constraint

可以在表格中引用某一个单元格中的数据,方法与 Excel 相似,行列的名称相加就是该单元格的名称,如 C 列第二行,就是 C2,如图 10.32 所示。

除了直接引用单元格中的数据外,还可以使用类似 Excel 的方式来加上表达式,进行更复杂的关联。

12. Mapping constraint

Mapping constraint(映射约束)可以将一组父子约束映射到另一组父子约束上,在 Mapping constraint 中需要设置 4 个对象,分别为 Constrained object(Child)、Reference

图 10.32　Expression constraint 设置

(Parent)、Source object (Child) 和 Source reference(Parent)。可以在 Viewer 窗口或者 Navigator 窗口中选择相应的对象拖动到 Constraint Settings 中的相应字段,如图 10.33 所示。

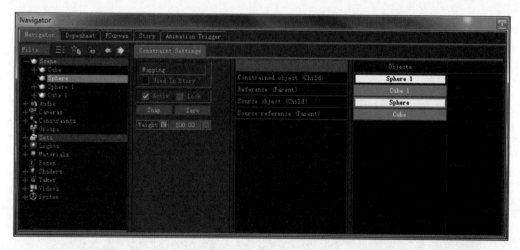

图 10.33　Mapping constraint

13. Multi Referential constraint

Multi Referential constraint(多参考约束)可以帮助我们快速建立复杂的父子约束,在 Multi Referential constraint 中需要设置 RigidObjects 和 ParentObjects,如图 10.34 所示。

14. Rigid Body constraint

Rigid Body constraint(刚体约束)可以使用两个以上源对象的位置来控制一个刚体的 Translation 和 Rotation,因此在 Rigid Body constraint 中需要设置 Constrained object 和 Source,一个约束可以包含多个 Source,如图 10.35 所示。

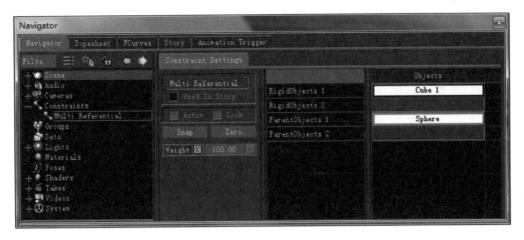

图 10.34 Multi Referential constraint

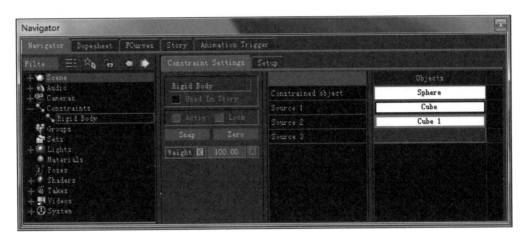

图 10.35 Rigid Body constraint

思考与练习

1. 什么是约束？它有什么功能？

2. 在 MotionBuilder 中有哪些约束类型？各有什么功能？

3. 在 MotionBuilder 中如何为对象添加约束？

第 11 章

Story

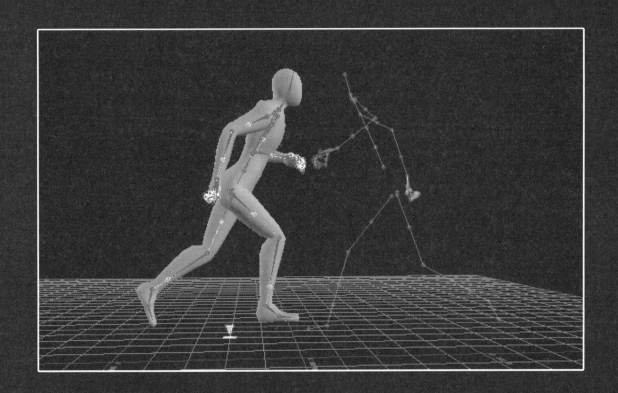

Story(故事)是由发生的一系列事情组成的,而 Story 窗口可以帮助我们将故事的要素组织在一起来创建故事,如角色、光线、摄影机、声音和动画等,因此它非常接近于影视作品中的非线性编辑。

使用 Story 窗口可以将已有的动作按照需要进行重新编排,它在一定程度上超出了传统的非线性编辑,因为在这里重新编排的对象是动作,而不是单个的镜头。设想一下,有一个复杂的动作没有办法连贯完成,此时可以利用 Story 窗口,把动作分解开进行拍摄,在拍摄完成之后,将分拆的动作连接起来,形成一个完整的动作,这就是 Story 主要的功能。它为动画的制作带来了更多的可能性。

11.1 Story 窗口简介

Story 窗口中包含两种轨道,在轨道上,可以对导入的片段进行编辑和连接等操作,Story 窗口如图 11.1 所示。

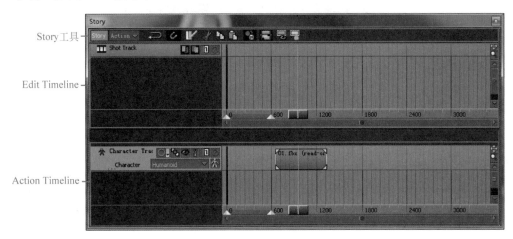

图 11.1 Story 窗口

Story 窗口主要包括 Story 工具、Edit Timeline 和 Action Timeline 三个部分。Story 工具主要用于对轨道、片段以及动画进行操作;Action Timeline 用于添加轨道和片段,来完成动画;Edit Timeline 用于在 Action Timeline 完成后,进行摄像机的编辑和预览。

在 Story 窗口中,最重要的就是 Tracks(轨道),轨道就是一条基于时间的通道,在它上面可以对片段进行移动和编辑,根据包含内容的不同,可以将 Track 分为六种。在 Viewer 窗口、Asset 以及 Scene browser 中,选定资源并以拖入资源的方式来建立 Track,Track 的类型由拖入的资源类型决定。此外也可以在 Story 窗口中右击,在弹出的菜单中选择 Insert Track。各种 Track 的分类与功能如表 11.1 所示。

在 Action Timeline 和 Edit Timeline 的下方,都有相应的时间刻度和指针,在时间刻度上分别有一种黄色和绿色的标记,分别标注了当前 Take 的长度和当前回放区的长度,绿色标记代表当前 Take 的范围,黄色标记代表回放区的范围,如图 11.2 所示。

表 11.1　Track 的分类与功能

类　型	功　能
Folder	即文件夹,可以容纳多个 Tracks
Shot Track	用于创建在多个摄像机位之间进行切换
Generic Animation Track	用于为普通对象如立方体等创建移动、旋转和缩放等关键帧动画
Character Animation Track	用于以关键帧或者动作文件来创建角色动画
Camera Animation Track	用于创建摄像机动画
Video Track	用于创建视频片段
Audio Track	用于创建音频片段
Command Track	用于在特定的帧显示或者隐藏模型。也可以用于引导外部应用
Constraint Track	用于创建约束

图 11.2　Take 范围和回放区范围

11.2　Story 工具

Story 工具栏位于 Story 窗口的上方,用于对轨道、片段和动画进行操作,如图 11.3 所示。

图 11.3　Story 工具栏

1. Story Mode

Story Mode 包括 Story 模式和 Story 模式菜单两个工具,如图 11.4 所示。

Story模式　Story模式菜单

图 11.4　Story Mode

Story 模式用于激活或者关闭当 Story 功能,只有当 Story 模式处于激活状态时,在 Story 中所导入的轨道才处于有效状态,而当前的 Take 无效。而当 Story 模式关闭时,Story 中的轨道不起作用,当前 Take 生效。

在一个场景中可以导入动作文件产生动画,而在 Story 中同样可以导入动作文件产生动画,两者都可以驱动场景中的角色,因此 Story 模式相当于在两者之间进行切换。而默认情况下 Story 是没有轨道的,因此 Story 模式在此情况下无论打开与否,都只显示当前 Take 中的动作。

由于 Story 按钮与 Transport Controls 有一定的关系,因此在 Transport Controls 窗口中同样也有一个 Story 模式按钮,其功能一模一样。

在 Story 模式菜单中有 Action 和 Edit 两种模式,这与 Transport Controls 中的菜单相同,使用 Edit 模式可以在 Transport Controls 窗口中打开一条新的 Edit 时间线。

2. Manipulation Option

Manipulation Option 包括 Loop(循环)和 Snap(吸附)两个工具,如图 11.5 所示。

Loop 工具用于循环和修剪片段,或者缩放片段,其中循环是默认的操作模式;Snap 工具可以帮助我们在轨道上移动片段时吸附到特定的对象,如吸附到 Frame、Clip、Time Cursor(时间指针)或者 Shot 上。

Snap 工具只能打开或者关闭吸附功能,如果需要进一步选择吸附的对象类型,可以在轨道上右击,在弹出的菜单中选择 Snap,然后在子菜单中选择需要吸附的类型即可,如图 11.6 所示。

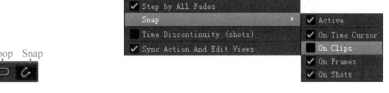

图 11.5 操作选项　　　　　　　图 11.6 Snap 工具菜单

其中,Active 用于激活或者关闭 Snap 功能;On Time Cursor 用于把片段吸附到指针上;On Clips 用于把片段吸附到其他的 Clips 上;On Frames 可以把片段精确地吸附到某一帧上;On Shots 用于把片段吸附到 Shots 上。

3. 编辑按钮

编辑按钮可用于切割、剪切、复制或者粘贴片段,包含四个工具,如图 11.7 所示。

Razor(剃刀)工具用于将一个片段切割成两段;Cut 工具用于剪切片段;Copy 工具用于复制片段;Paste 工具用于粘贴片段。

图 11.7 编辑按钮

4. Record to Memory or Disk Option

Record to Memory or Disk Option(录制到内存或者磁盘工具)用于在实时录制时,将当前的内容录制到内存或者磁盘。其中 表示录制到内存,而 代表录制到磁盘。

在开始录制之前,还需要为每一个轨道指定录制的路径,选中需要录制的轨道后,打开 Properties 窗口,展开 Recording 选项,并在 RecordClipPath 选项中,选择需要录制的路径,如图 11.8 所示。

如果需要为不同轨道设置相同的路径,可以将它们放在一个 Folder 中,然后对 Folder 的 Property 进行设置,如图 11.9 所示。

设置好了路径之后,就可以在 Transport Controls 窗口中单击录制按钮进行录制。

5. Summary Clips On or Off Option

当一个 Folder 中有多个片段时,如果要移动多个片段会比较麻烦,Summary Clips On or Off Option 按钮( )可以在 Folder 中显示一个 Summary 片段,如果需要调整所有片段的位置,则只需要调整这个 Summary 片段即可,Summary 片段如图 11.10 所示。

图 11.8　指定 Track 录制的路径

图 11.9　指定 Folder 录制的路径

图 11.10　Summary 片段

6. Filtering by Selection Options

Filtering by Selection Options(过滤选项)(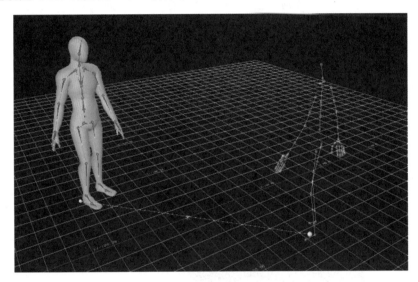)用于过滤显示的轨道,打开之后,只有在场景中被选中的对象所在的轨道才被显示。如果要在场景中操作其他对象,可以使用过滤锁定( ),这样当前显示的轨道被锁定,即使选择其他对象,也不会改变之前过滤的结果。

7. Ghosts Options

Ghosts Options(虚影选项)可以用来开启或者关闭虚影。当在轨道上对不同的片段进行连接,特别是动作的连接时,为了保证动作连接的流畅性,需要使前一个片段的结尾动作和后一个片段的开始动作尽量地重合。由于两个片段的内容不会同时显示在一个场景内,因此为了连接的方便,Ghosts Options 将场景中其他片段的内容,以一种特殊的方式显示在场景中,这就是 Ghosts,如图 11.11 所示。

图 11.11　Ghosts

Ghosts Options 一共有四个工具,如图 11.12 所示。

Ghost Option 用于显示或者隐藏所选轨道或者片段上的虚影,包括 Model(模型)、Travelling Node(移动轨迹)和匹配虚影。而另外三个工具分别用于显示或者隐藏相应的虚影。在对动作进行连接时,最好提前开启虚影,便于进行匹配工作。

8. Match Controls

Match Controls(匹配控制)帮助我们实现动作之间的平滑连接。Match Controls 如图 11.13 所示。

图 11.12　Ghosts Options

图 11.13　Match Controls

Match Option(匹配选项)用于打开匹配选项窗口,并对匹配进行详细设置;Auto Match(自动匹配)自动进行片段之间的匹配;Match Object(匹配目标)显示用于匹配的对象;Match Object Button(匹配目标按钮)用于选择匹配目标。匹配的具体方法将在后面进行介绍。

11.3 在 Character Animation Track 中进行动作剪辑

视频讲解

在 Character Animation Track 中,可以将一个动作文件中的不同动作,以及不同动作文件中的动作连接到一起。在开始进行剪辑之前,首先需要准备好角色和动作文件。这里的动作文件一定要烘焙到准备的角色上,而且要最好将其他的内容删除掉。如果是其他角色上的动作,则需要通过前面介绍的方法,将动作烘焙到同一个角色上,否则将无法进行剪辑。

在开始剪辑之前,应该已经准备好了一个角色文件和包含了该角色的一个或者多个动作文件。首先打开角色,可以使用文件菜单来打开或者在 Asset Browser 中导入,注意在打开的同时不需要导入动作文件。然后打开 Story 窗口,在空白处右击,在弹出的菜单中选择 Insert→Character Animation Track,插入一个 Character Animation Track,如图 11.14 所示。然后在插入的 Track 中单击 Character 并选择打开的角色。

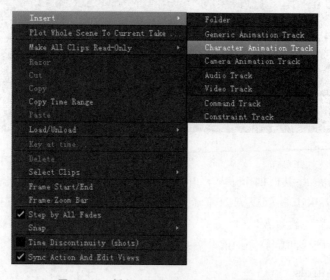

图 11.14 插入 Character Animation Track

此时在 Story 窗口中已经新建了一个 Animation Track,在 Character 右侧的下拉列表框中,选择之前导入的角色,如图 11.15 所示。

然后在右侧的轨道空白处右击,在弹出的菜单中选择 Insert Animation File 插入动作文件,选择之前准备好的动作文件插入即可。此时在新建的 Track 上可以看到插入的动作文件,如图 11.16 所示。

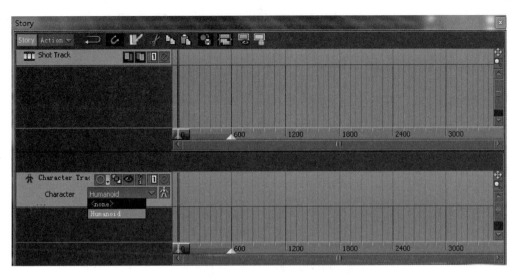

图 11.15 在 Character Animation Track 上选择角色

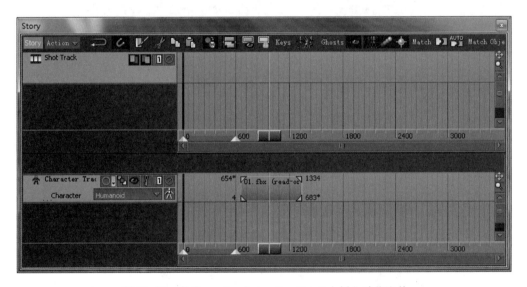

图 11.16 在 Character Animation Track 上插入动作文件

确保 Story 工具栏上的 Story 按钮处于按下状态,此时可以在 Transport Controls 窗口中发现角色已经被动作文件驱动,如图 11.17 所示。

此外也可以直接打开包含角色的动作文件,在新建 Character Animation Track 之后右击,在弹出的菜单中选择 Insert Current Take,将当前的动作文件插入到 Track 上,其结果跟前一种方法完全相同。

如果需要插入其他动作文件,则还是右击,在弹出的菜单中选择 Insert Animation File,将动作文件插入到 Track 上,如图 11.18 所示。

使用 Razor(剃刀)工具,可以将 Track 上的动作文件裁剪开。将指针移动到需要裁剪的时刻,选择需要裁剪的片段,然后单击 Razor 工具即可完成裁剪,如图 11.19 所示。

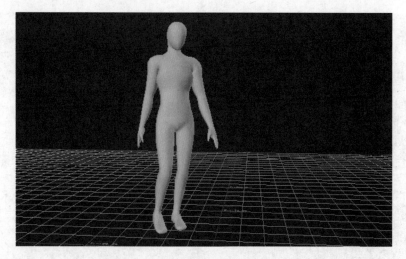

图 11.17　角色被动作文件驱动

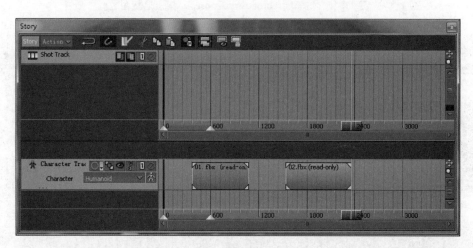

图 11.18　插入其他动作文件

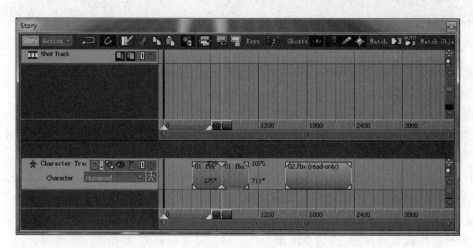

图 11.19　使用 Razor 工具进行裁剪

可以对裁剪后的片段重新进行编辑以及调整其在 Track 上的位置。

这里需要注意的是,在 Character Animation Track 上添加动作后,会在 Viewer 窗口中预览,但是这里的动作并不影响原有的 Take 中的动作,如果需要回到原来的 Take 上,只需要在工具栏上单击 Story 模式按钮关闭 Story 模式即可。

11.4 在 Character Animation Track 中进行动作连接

视频讲解

动作的合成需要有一个基本条件,就是角色的动作。在前一个动作的结尾和后一个动作的开始处,角色应该处于相同或者相近的姿势,这样才能使前后动作的连接比较流畅,否则就会使动作产生抖动。因此,如果想要后期在 Character Animation Track 中进行连接,在前期拍摄时就应该注意动作连接处的姿势问题,前一个动作的结尾和后一个动作的开始,应该保持演员姿势的一致,如果前期没有录制好相同或者相近的姿势,则后期处理的难度将会增加。

在动作连接时,分两种情况来讨论:第一种以前一个片段为基准来连接动作,这时在后一个片段中,角色的位置和朝向将继承前一个片段;第二种则是以后一个片段为基准来连接动作,此时在前一个片段中,角色的位置和朝向将继承后一个片段。

将两个动作文件分别导入到一个 Character Animation Track 上,如果是以前一个片段为基准,将指针放在前一个片段的结尾处,然后打开后一个片段 Ghost 中的 Ghost of Model;如果是以后一个片段为基准,则应打开前一个片段的 Ghost。为了让动作的过渡更加平滑,需要让前后两个片段有一个重叠区来进行缓冲,所以此时匹配的位置应该在片段结束前,一般留出 1s 左右的时间即可。注意,是以当前指针所在时间上的角色的姿势来匹配,而不是以最后一帧来匹配,如图 11.20 所示。

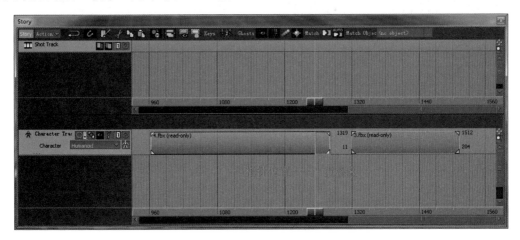

图 11.20　建立重叠区

如果是以后一个片段为基准,则重叠区应该在后一个片段上。此时在 Viewer 窗口中,角色的姿势和 Ghost 应该比较接近,如图 11.21 所示。

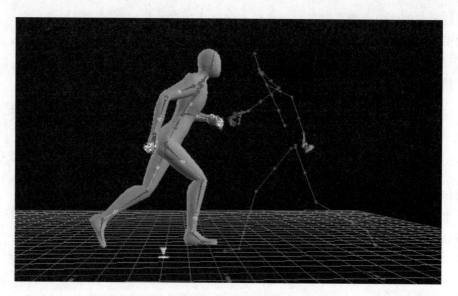

图 11.21　角色和 Ghost

可见前后片段中的动作姿势基本一致,而位置和朝向则未必一致,所以一定要注意是以哪个片段为基准,这决定了角色的朝向与位置。调整好指针的位置后,就可以进行匹配了。如果是以前一个片段为基准,则只需要拖曳后一个片段,直到后一个片段的开头和指针位置重合,这里注意一定要开启 Snap 的吸附到 Time Cursor 功能,让片段能够自动吸附到指针上,调整完成后如图 11.22 所示,有交叉线的部分代表两个片段的重合部分。

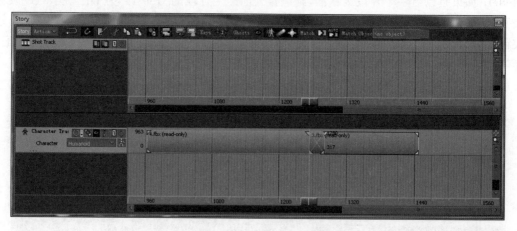

图 11.22　建立动作连接

接下来对匹配的选项进行设置,单击 Match Option 工具按钮打开 Match Options 对话框,如图 11.23 所示。

首先需要选择 Match Object(匹配目标),它可以是角色身上的任意一个骨骼节点,在选择时,通常会选择角色的重心脚作为匹配目标,例如在前面的例子中,角色是右脚着地,所以重心在右脚,选择 RightFoot 即可,这样可以保证角色的位置匹配更加精确,不会出现滑动的现象,特殊情况下也可以选择其他目标。在 Match Object 中可以看到选择的对象,也可以通过 Match Object 直接来选择匹配目标。在 Match Clip 中,如果是以前一个片段为基准,则选择 To PreviousClip,如果以后一个片段为基准,则选择 To Next Clip。在 Match Time(匹配时间)中有四个选项,分别是 At Current Time(在当前时间)、At Start of Selected Clip(在后一个片段开头)、Between Previous Clip and Selected Clip(在前一个片段和后一个片段之间)、At End of Previous Clip(在前一个片段结尾),为了使过渡更加平滑,通常选择 Between Previous Clip and Selected Clip。在 Match Position 中,与之前在镜像中介绍的相似,考虑到地面的问题,通常会选择 Gravity XZ。设置完成之后单击 OK 按钮确认匹配。

完成之后需要检查匹配的结果,观察是否有穿帮的现象,如果有就需要检查角色的姿势是否匹配以及匹配的目标是否合理。

图 11.23　Match Options 对话框

11.5　在 Character Animation Track 上编辑片段

视频讲解

在 Character Animation Track 上添加的片段,默认都是 Read Only(只读),也就是无法进行编辑,如果需要对片段进行编辑,则需要修改片段的只读属性。由于在 Character Animation Track 上动作的驱动使用的是 Skeleton 而不是 Control Rig,因此,如果需要编辑,则需要导入的动作文件使用 Skeleton 而不是 Control Rig。

这里需要注意的是,即使将动作烘焙到 Skeleton 上,角色的驱动模式仍然是 Control Rig,在 Navigator 窗口中双击角色,打开 Asset Settings 窗口,把 Input Type 改为 Current Skeleton,如图 11.24 所示。

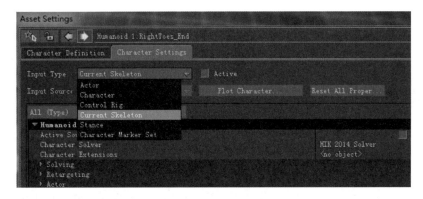

图 11.24　更改角色驱动模式

这样在 Character Animation Track 上添加了动作片段后，在片段上右击，并选择 Make Clip Writable，如图 11.25 所示。

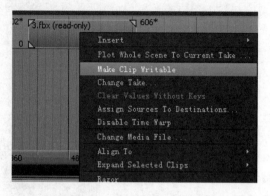

图 11.25　修改片段只读属性

此时片段处于可编辑状态，在角色身上单击相应的骨骼，则可以在片段上编辑对应的关键帧动画，如图 11.26 所示。

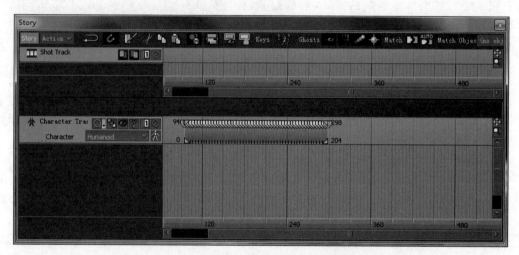

图 11.26　Clip 上的关键帧

在 Character Animation Track 中单击 按钮，打开 Accept Keys 功能，则在 Transport Controls 窗口中，同样可见片段中的关键帧，如图 11.27 所示。

图 11.27　Transport Controls 窗口中的关键帧

此时，可以使用前面介绍的方法，对原有的关键帧进行编辑，或者使用 Key Controls 窗口添加以及删除关键帧。注意，这里 Transport Controls 窗口中的模式为 Story，因此所有关键帧的修改相当于在 Story 窗口进行操作，所以不会影响到当前动画片段中的内容。

视频讲解

11.6 使用 Subtrack 进行动作编辑与合成

Story 窗口不仅可以将不同的动作连接到一起,还可以通过 Subtrack 对动作进行修改以及合成。

这里的动作编辑与合成指的是让两个或者以上不同的动作文件同时作用于一个角色上。正常情况下,由 Character Animation Track 上的动作来驱动角色,如果希望修改角色身体某一部分的动作,使这部分的动作由另一个动作文件来驱动,就可以将新的动作添加到 Subtrack 中,由 Subtrack 中的动作来驱动这一部分的动作。例如希望角色的手臂动作由 Subtrack 上的动作文件驱动,而身体其他部分还是由原有 Character Animation Track 上的动作来驱动。

Subtrack 有四种类型,分别是 Animation Override(动画覆盖),Animation Additive(动画追加),Character Override(角色覆盖),Character Additive(角色追加)。Animation Override 和 Animation Additive 主要是通过添加关键帧动画来进行编辑。区别与之前介绍动画层的模式一样,Animation Override 中 Subtrack 中的动作取代原有 Character Animation Track 上的动作,而 Animation Additive 则将 Subtrack 中的动作属性追加到 Character Animation Track 动作上。

在需要添加 Subtrack 的轨道上右击,选择 Insert Subtrack,然后在子菜单中选择需要添加的 Subtrack 类型,如图 11.28 所示。

图 11.28　选择需要添加的 Subtrack 类型

在建好的 Subtrack 上单击▓按钮,打开 Accept Keys 功能,接下来就可以按照前面介绍的方法,选择需要调整的骨骼,然后使用 Transport Controls 和 Key Controls 来创建关键帧,如图 11.29 所示。

图 11.29　创建 Subtrack 关键帧

这里需要注意的是,如果需要纠正角色某一部位的姿势,则只添加一个关键帧,并将姿势调整好,然后回到 Story 窗口,在 Subtrack 上调整片段的长度和位置,以确定哪一部分的内容需要修正。

如果修正的是 Character Animation Track 上的一个部分而不是全部,则还要注意动作的进入是否平滑,可以参考 Animation Layers 中的方法,通过添加多个关键帧来实现动作进入和退出得平滑,此外也可以使用改变权重的方法来实现。

Animation Override 和 Animation Additive 从某种程度上来说,其实现的功能与 Animation Layers 非常相似,只是在 Story 窗口中的功能更加丰富。而 Character Override 和 Character Additive 则与 Animation Layer 不同。Character Override 和 Character Additive 作为 Subtrack 的时候,最大的特点就是可以导入动作文件。在两个 Track 中都有动作文件时,由使用者决定每个动作文件分别驱动角色的哪个部位。

Character Override 和 Character Additive 的添加方法和前面的 Animation Override 和 Animation Additive 一致。Character Override 和 Character Additive 的区别与前面提到的动画层的模式相同,在此就不过多解释。

Subtrack 和 Character Animation Track 的使用方法完全一样,既可以添加动作也可以添加关键帧。而最关键的问题在于两个轨道的动作如何驱动角色,解决这个问题的工具就是 Body Parts 按钮。在 Character Animation Track 以及 Subtrack 上都有这个按钮,并且默认都是选择所有的部位,如图 11.30 所示。

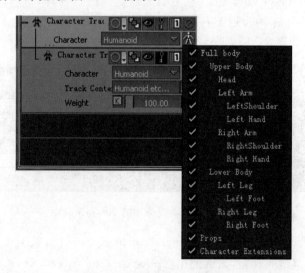

图 11.30 Body Parts 选项

如果希望两个轨道共同来控制角色,只需要分别在 Character Animation Track 以及 Subtrack 上相应的部位上勾选即可。如果 Subtrack 只影响 Character Animation Track 的某一部分而不是全部,则同样需要注意动作的进入和退出的平滑问题,如果是使用动作文件,则很难通过某一个关键帧来进行控制,此时应该使用 Weight(权重)来进行控制,通过给 Weight 添加两组关键帧,分别让权重从 0~100 以及从 100~0,来让 Subtrack 的动作平滑进入和退出。

视频讲解

11.7 使用 Command Track 和 Constraint Track 来控制对象

在 Animation Track 区域，还可以添加 Command Track 和 Constraint Track 来控制对象。其中 Command Track 可以添加 Command Clip 来实现三种命令，分别为 Application Launch、Hide Models 和 Show Models。Application Launch 用于在播放动画的过程中打开外部应用程序；Hide Models 和 Show Models 分别用于隐藏或者显示指定的模型。在 Animation Track 区域右击，选择 Insert→Command Track，来插入一个 Command Track，如图 11.31 所示。

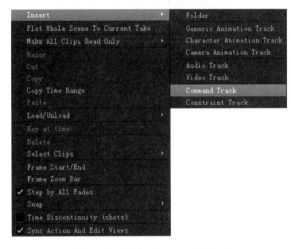

图 11.31　插入 Command Track

然后在 Asset Browser 中选择一个命令，如 Hide Models（隐藏模型），按住鼠标左键将其直接拖到 Command Track 上即可建立一个 Command Clip。也可以直接选择 Command 然后拖动到 Action Timeline 上来建立 Command Track 和 Command Clip，如图 11.32 所示。

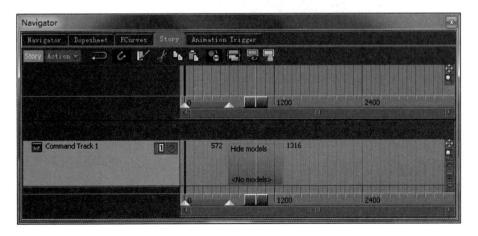

图 11.32　Command Track 和 Command Clip

此时 Command Clip 上显示 No model 表示还没有设定要隐藏的模型,可以在 Viewer 窗口或者 Navigator 窗口中将需要隐藏的对象拖动到 Command Clip 上,也可以双击 Command Clip 进入 Asset Settings 对话框来设置需要隐藏的 Model,如图 11.33 所示。

图 11.33　设置需要隐藏的 Model

建立好的 Command Clip 可以控制模型的显示或者隐藏,此外也可以通过 Application Launch 来打开外部应用程序。

Constraint Track 用来控制约束,Constraint Track 使用的前提是要在场景中添加约束,在完成了约束的设置之后,可以通过 Constraint Track 来控制约束的开关和权重。例如要让角色拿起一个对象,则需要在角色和对象间建立父子约束,而如果希望角色在动画中放下这一对象,则需要关闭约束。前面已经介绍过,可以使用添加权重关键帧的方法来进行控制,但是比较麻烦。使用 Constraint Track 则可以通过添加 Constraint Clip 来精确地控制何时进行约束、何时解除约束。在 Action Timeline 区域右击,在弹出的菜单中选择 Insert→Constraint Track,如图 11.34 所示。

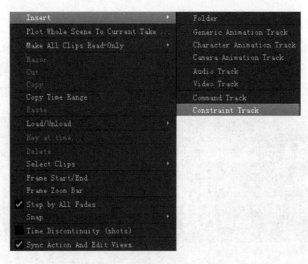

图 11.34　插入 Constraint Track

然后在 Navigator 窗口中,找到 Constraints,并选择需要控制的约束,按住鼠标左键,拖动到 Constraint Track 中,建立一个 Constraint Clip,如图 11.35 所示。

可以简单地通过调整 Constraint Clip 的长度来决定约束起作用的范围。同样需要注意

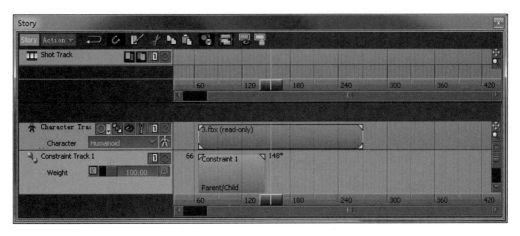

图 11.35　Constraint Track 和 Constraint Clip

的是约束的进入和退出时的平滑问题，一样可以使用 Weight 来进行调整。

11.8　使用 Shot Track 来实现机位切换

视频讲解

动画的最终呈现，是需要加入摄像机的切换来形成蒙太奇组接。Shot Track 可以帮助我们实现不同机位之间的切换。在 Shot Track 中建立机位切换之前，首先需要在场景中架设相应的机位。然后在 Story 窗口的 Edit Timeline 区域右击，选择 Insert→Shot Track 来插入一个 Shot Track，如图 11.36 所示。

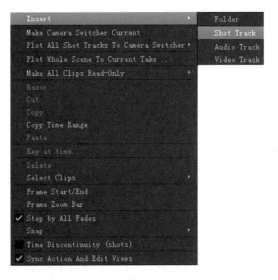

图 11.36　插入 Shot Track

然后在 Navigator 窗口中选择一个 Camera，并使用鼠标左键将其拖动到 Shot Track 上建立一个 Shot Track Clip。也可以直接在 Navigator 窗口中直接选择一个 Camera，并拖动到 Edit Timeline 区域建立一个新的 Shot Track 和 Shot Track Clip，如图 11.37 所示。

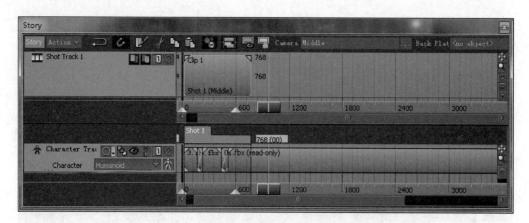

图 11.37　Shot Track 和 Shot Track Clip

通过调整 Shot Track Clip 的长度来调整每一个机位的起止时间，在 Story 模式中，选择 Edit 模式（编辑模式），此时 Viewer 窗口中将显示 Shot Track 中的机位预览，如图 11.38 所示。

图 11.38　进入 Edit 模式

在每一个 Clip 之间既可以直接连接，也可以有部分的重叠。直接连接相当于机位之间硬切，而如果有重合则相当于软切，即附加了淡入淡出效果，如图 11.39 所示。

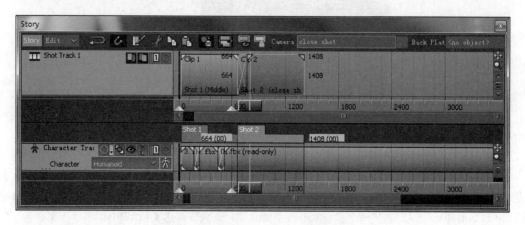

图 11.39　设置 Shot Track 切换方式

11.9　Video Track 和 Audio Track

Video Track 和 Audio Track 可以为动画插入外部的视频文件或者音频文件。在插入之前需要准备好要插入的音视频文件，并添加到场景中。然后在 Story 窗口的 Edit Timeline 或者 Action Timeline 区域右击，在弹出的菜单中选择 Insert→Video Track 或者 Insert→Audio Track，来插入一个 Video Track 或者 Audio Track，如图 11.40 所示。

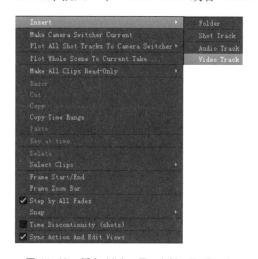

图 11.40　插入 Video Track/Audio Track

然后在 Navigator 窗口中选择需要导入的音频或者视频文件，按住鼠标左键并将其拖动到 Video/Audio Track 上，即可建立 Video/Audio Clip。也可以直接从 Navigator 窗口中将音频或视频文件直接拖动到 Story 窗口的 Edit Timeline 或者 Action Timeline 区域来建立 Video/Audio Track 和 Video/Audio Clip，如图 11.41 所示。

图 11.41　Video/Audio Track 和 Video/Audio Clip

思考与练习

1. Story 窗口有哪些功能?

2. 在 MotionBuilder 软件中,如何在 Character Animation Track 中进行动作的编辑和连接?

3. 在 MotionBuilder 软件中,如何使用 SubTrack 对动作进行调整?

4. 在 MotionBuilder 软件中,如何使用 Command Track 和 Constraint Track 来控制对象?

5. 在 MotionBuilder 软件中,如何使用 Video Track 来实现机位切换?

第 12 章

Chapter 12

面部表情动画

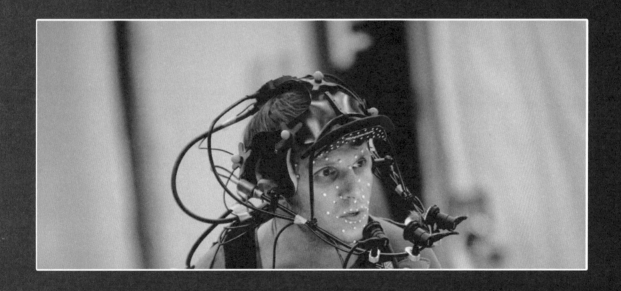

人与人之间的交流,除了语言和肢体动作,面部表情也是一个非常重要的工具,它可以帮助我们理解人物的想法和情感。对于一个动画的角色而言,面部表情同样非常重要,脸部的复杂动作可以传递更多信息,并且使得动画角色更加真实。

MotionBuilder 提供了三种不同的方法来帮助我们为角色添加面部表情,分别是关键帧动画、动作捕捉和语音驱动。

要为角色创建面部表情,必须在角色的头部创建表情的具体形状,然后将这些形状与MotionBuilder 定义好的表情相映射。在创建好了表情映射之后,可以使用以上提到的三种方式来创建面部表情。

12.1　头部模型要求

为了实现表情的变化,角色的头部模型需要与身体其他部分的皮肤分开,作为一个独立的对象,而不能和身体其他部分连接在一起,如图 12.1 所示。

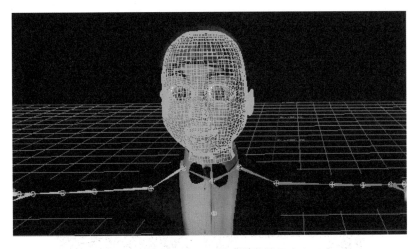

图 12.1　独立的头部皮肤

其次需要为角色添加单独的一些组件来帮助实现表情的变化,例如牙齿、舌头等。为了让角色开口,牙齿还要独立分为上下两个部分,如图 12.2 所示。

为了创建面部表情动画,首先要为面部创建不同的变形来与表情相对应,需要注意的是,这部分工作通常在建模软件中完成,而MotionBuilder 并不能帮助建立变形。每一个形状记录了面部的具体特征,如嘴巴、眉毛、眼睛、脸颊或鼻子等。通过各个部位的不同组合,可以创建人物的喜、怒、哀、乐等各种表情。

在创建面部的变形时,需要考虑制作面部表情动画的方式。不同的面部表情动画,需要不同的变形类型。例如,如果需要让表情由真

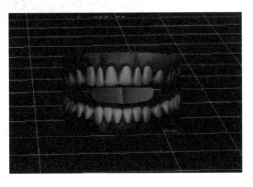

图 12.2　独立的牙齿与舌头

实的演员表演并通过动作捕捉来驱动,就需要创建与演员相匹配的面部形状。而如果是使用声音来驱动表情,则需要创建与发音相匹配的形状。一般来说,面部变形大致有如下四种。

(1) Rest Pose(休息姿势)是角色处于休息状态时的表情。

(2) Generic shapes(一般变形)用于使用关键帧来建立基本面部表情。

(3) Phoneme shapes(发音变形)用于使用声音来驱动表情的基本口型。

(4) Cluster shapes(标记点变形)可以使用演员面部的标记点来建立形状。

12.2　使用关键帧来制作面部表情动画

视频讲解

使用关键帧来制作面部表情,是最基础的表情制作方法。首先需要制作好面部的变形,然后自定义面部表情,最后通过添加表情关键帧来实现表情的变化,其工作流程如图 12.3 所示。

图 12.3　使用关键帧制作表情动画的流程

首先将添加了形状的角色头部模型导入到场景中,在 Asset Browser 中选择 Templates 中的 Characters,并在右侧选择 Character Face,如图 12.4 所示。

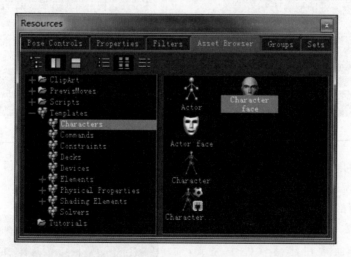

图 12.4　在 Asset Browser 中选择 Character Face

按住鼠标左键,将 Character Face 图标拖动到 Viewer 窗口中角色的头部,然后松开鼠标,选择 Attach to Model,为角色建立一个面部表情模板,如图 12.5 所示。

在 Navigator 窗口中选择刚刚建立的 Character Face,在 Character Face Defination 中定义 Generic 变形,如图 12.6 所示。

选择基本的变形名称,然后在 Target Models 中,通过调整变形来进行匹配,如图 12.7 所示。

图 12.5　创建 Character Face

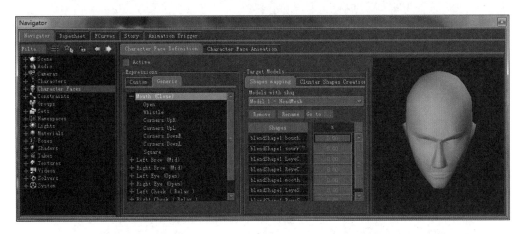

图 12.6　定义 Generic 变形

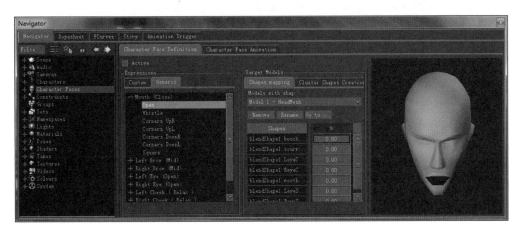

图 12.7　匹配 Generic 变形

接下来依次定义各个变形。在定义了 Generic 变形之后，还可以创建 Custom 变形。在 Expressions 面板中选择 Custom，单击 Add 按钮来创建一个变形，在变形的名称上右击，可以对它进行重命名。在 Target Models 面板中选择 Shapes Mapping，通过调整 Shapes 后面的百分比来创建变形，如图 12.8 所示。

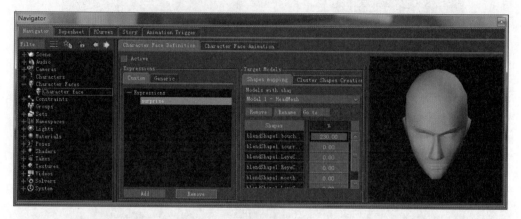

图 12.8　创建自定义变形

定义好的表情如图 12.9 所示。

图 12.9　定义好的表情

接下来就可以切换到 Character Face Animation 来制作表情动画了。在 Custom Properties 中，选择需要制作动画的变形，通过改变权重关键帧，来制作表情动画，勾选 Active 来激活表情动画，如图 12.10 所示。

最后，选择 Plot Animation 来将变形动画烘焙到角色的面部，形成面部表情动画。这里需要注意的是，表情动画最好单独建立一个动画层，以免破坏原有的角色动作。

图 12.10 创建表情动画

12.3 使用动作捕捉来制作面部表情动画

使用动作捕捉来制作面部表情的方法与使用仅有 Marker 点的动作捕捉文件来制作角色动画相似。首先需要把拍摄的光学动作捕捉文件与 Actor Face 进行映射,然后在角色的头部添加表情,最后利用 Actor Face 来驱动表情。

12.3.1 面部表情捕捉

面部表情捕捉与身体动作捕捉相似,但是由于面部表情更加精细,所以首先需要确定捕捉的方案。通常有两种选择,一是单独捕捉面部表情,使用 6 台摄像机即可捕捉面部 30 个以上的标记点。捕捉区域非常小并且集中在面部。在这个系统里只允许做非常有限的头部运动,头部倾斜和旋转的角度保持在 20°以内。二是同时捕捉表情和身体动作。12 台摄像机的系统是被推荐的标准配置。在这个系统中,可以进行全身和面部的同时捕捉,并且可以捕捉到 360°区域内的全身动作和 60°旋转、40°倾斜的头部动作。此外还可以选择 18 台以及 22 台摄像机的方案,以进一步提高头部的活动范围,以及数据的精度。

独立的面部摄像机是更为精确的面部表情捕捉方案,它可以更近距离地捕捉面部表情,使得捕捉的结果更为精准,如图 12.11 所示。

面部表情捕捉在 Vicon Blade 中的操作与捕捉身体动作基本一致,而区别在于不需要为面部表情制作 VSK 文件,因此如果是单独捕捉面部表情,则可以在完成好系统的调试和演员贴点后,直接开始拍摄,而拍摄后的文件只需要进行三维重建,即可进行输出。

图 12.11 Vicon Cara 面部表情捕捉设备

12.3.2 导入动作文件

在完成面部表情的捕捉后，可以直接将捕捉好的 FBX 或者 C3D 文件导入到 MotionBuilder 中，如图 12.12 所示。

通过切换视图，调整动作文件的位置，让它朝向 Z 轴的正方向，调整完成之后，如图 12.13 所示。

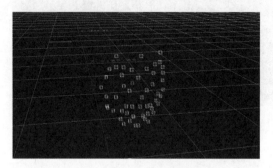

图 12.12　导入面部动作文件到场景中

图 12.13　调整之后的面部动作文件

接下来需要为面部动作文件建立一个参考点，在 Asset Browser 窗口中选择 Null 并拖动到 Viewer 窗口中，如图 12.14 所示。

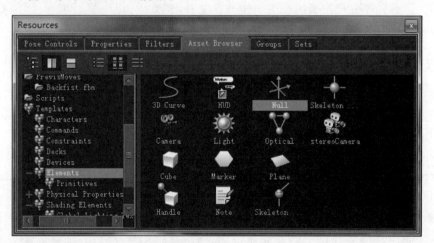

图 12.14　在 Asset Browser 窗口中选择 Null

12.3.3　添加 Actor Face 并建立映射

在 Asset Browser 中选择 Actor Face 并拖曳到场景中，添加一个 Actor Face，如图 12.15 所示。

在 Navigator 窗口中选择 Actor Face 并选择 MoCap，进入映射 Marker 点界面，如图 12.16 所示。

在 Viewer 窗口或者 Navigator 窗口中选择相应的 Marker 点，并拖曳到 Actor Face 上相应的位置，来建立映射，完成之后，如图 12.17 所示。

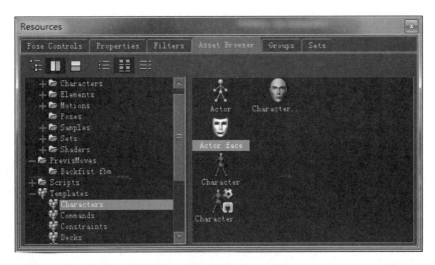

图 12.15　添加 Actor Face 到场景中

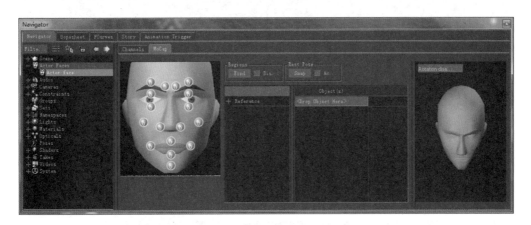

图 12.16　进入映射 Marker 点界面

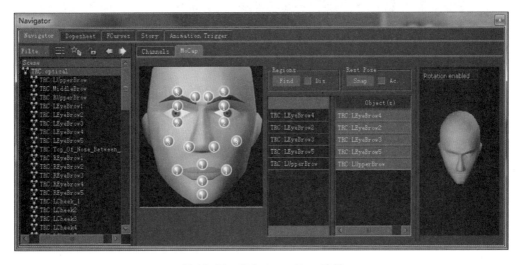

图 12.17　建立 Actor Face 映射

这样 Actor Face 已经完成映射,可以用来驱动角色面部表情。

12.3.4 使用 Actor Face 驱动角色面部表情动画

视频讲解

将处理好表情的角色头部导入到场景中,如图 12.18 所示。

在使用动作文件驱动面部表情之前应该为角色建立好 Character Face,方法前面已经介绍过。处理完成后,在 Navigator 窗口中选择角色的 Character Face,并进入 Character Face Animation,如图 12.19 所示。

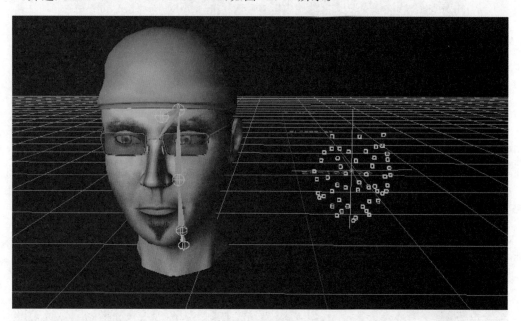

图 12.18　导入角色头部

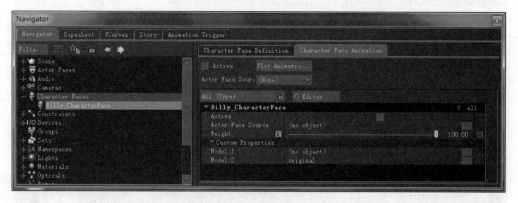

图 12.19　进入 Character Face Animation

在 Actor Face Source 下拉列表框中,选择之前设置好的 Actor Face,然后勾选 Active,如图 12.20 所示。

此时 Actor Face 已经可以驱动 Character Face 产生面部表情,如图 12.21 所示。

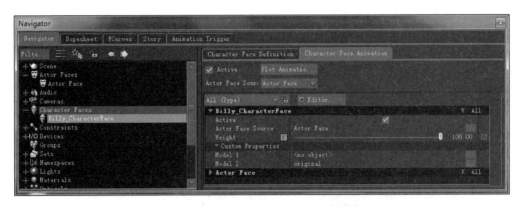

图 12.20　设置 Actor Face Source

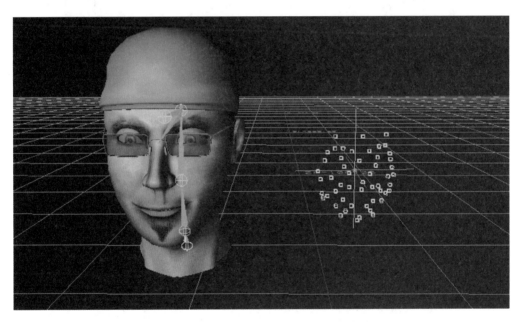

图 12.21　完成的面部表情动画

12.4　使用声音来驱动面部表情

视频讲解

使用声音驱动表情，是 MotionBuilder 比较早期的功能，它可以使用语音作为素材，来驱动角色的嘴唇，从而让角色产生讲话的动画。

12.4.1　制作语音表情

使用声音驱动表情，是将语音划分为基本的音节，然后为每一个音节制作相应的变形，主要包括角色面部的嘴唇、牙齿、舌头以及下颚的位置。因此在使用声音驱动表情之前，需要先制作一系列的基于基本发音音节的口型，如图 12.22 所示。

对照基本发音音节对应的口型来添加自定义表情，完成之后，如图 12.23 所示。

图 12.22　基本发音音节对应的口型

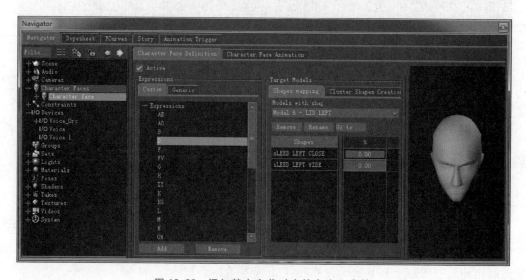

图 12.23　添加基本音节对应的自定义表情

12.4.2 添加 Voice Devices

要使用声音驱动面部表情,需要在场景中添加一个 Voice Device。在 Asset Browser 中选择 Templates 中的 Devices,在右边选择 Voice 并拖动到 Viewer 窗口中,如图 12.24 所示。

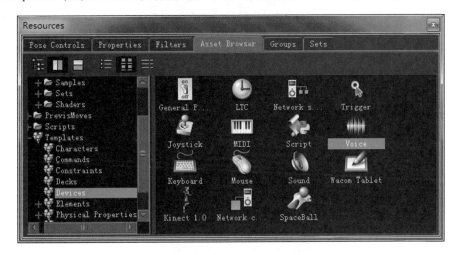

图 12.24 在 Asset Browser 窗口中选择 Voice

在 Navigator 窗口中,选择 I/O Devices,然后选择刚刚添加的 Voice,在 Source 中选择驱动表情的音频源,如图 12.25 所示。也可以选择使用话筒或者硬件来实时输入声音。

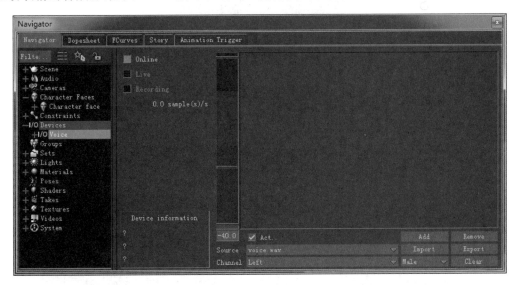

图 12.25 添加音频源

然后单击 Add 按钮进入 Voice Parameter Selection 窗口,选择需要的基本音节,可以按住 Ctrl 键进行复选,完成之后单击 OK 按钮即可,如图 12.26 所示。注意,这里的语言目前只能选择英语。

完成之后勾选 Online 激活音频设备,如图 12.27 所示。

图 12.26　选择需要的基本音节

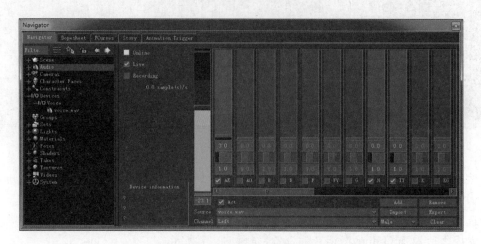

图 12.27　激活音频设备

此时角色已经被声音驱动,产生说话的动画,如图 12.28 所示。

图 12.28　声音驱动表情结果

1. 在 MotionBuilder 软件中,要制作面部表情动画对头部模型有什么要求?
2. 在 MotionBuilder 软件中,如何使用关键帧来建立面部表情?
3. 在 MotionBuilder 软件中,如何使用动作捕捉的方法来建立面部表情?
4. 在 MotionBuilder 软件中,如何使用声音来驱动表情?

第 13 章

Chapter 13

灯光与材质

为了营造场景的真实感,需要为场景中的角色和对象添加光源来照亮场景,以及为它们添加材质,以增强真实感和营造氛围。

13.1 Lights

Lights 用于给场景添加光源,就像在舞台上添加灯光一样。在 MotionBuilder 中,可以添加 Custom Light 和 Global Light 两种,Custom Light 是用户添加的光源,而 Global Light 则是默认的全局光源。

13.1.1 Custom Light

Coustom Light 可以在场景中的任意位置来添加光源,甚至可以放在物体内部。MotionBuilder 提供了三种 Coustom Light,分别是 Point Light(点光源)、Infinite Light(平行光)、Spot Light(聚光)。此外如果通过 API 使用自定义渲染,还可以使用 Area Light 来进行更加复杂的光源设置,如图 13.1 所示。

图 13.1 光源类型选项

Point Light 以自身为中心,向四周发光,并照亮场景中的对象,它不能调整照射的方向,只能调整光源的位置,如图 13.2 所示。

图 13.2 Point Light 效果

Infinite Light 与 Point Light 不同,它有明确的指向性,所以可以产生平行光,在调整时除了调整光源的位置,还需要调整光源的朝向,箭头所指的方向就是光源的朝向,如图 13.3 所示。

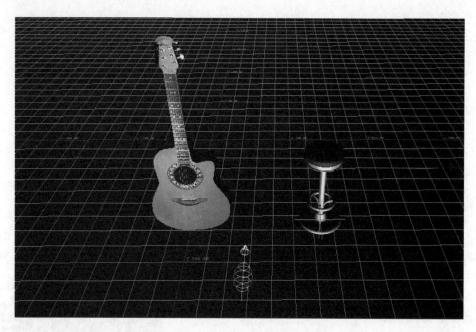

图 13.3　Infinite Light 效果

Spot Light 就像舞台上的聚光灯,发射平行光,并且汇聚到一个区域而不会发生散射,从而产生明显的一个光斑,与 Infinite Light 一样,在调整时除了调整光源的位置,还需要调整光源的朝向,箭头所指的方向就是光源的朝向,如图 13.4 所示。

图 13.4　Spot Light 效果

通过 Area Light 可以设置更多的特性,实现更加复杂的照明效果,如图 13.5 所示。

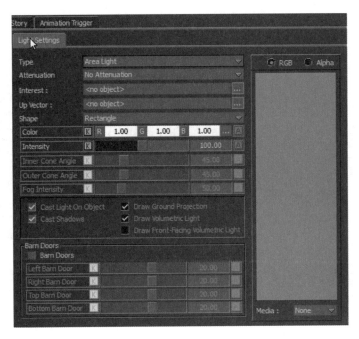

图 13.5　Area Light 设置

13.1.2　Global Light

在 MotionBuilder 的场景中，即使没有添加 Custom Light，场景中的内容依然看得见，就是因为 Global Light。在没有添加其他光源时，Global Light 会起到照亮场景的作用。Global Light 只是作为工作区的一个照明灯，让场景中的任何一个对象都可以被照亮，但是它不会产生阴影，也不能在场景中对它进行选择或者调整。一旦添加了 Custom Light，则 Global Light 会自动被关闭。

如果需要调整 Global Light，需要在 Navigator 窗口中选择 Lights→Global Light，打开 Global Lighting，在其中进行设置，如图 13.6 所示。

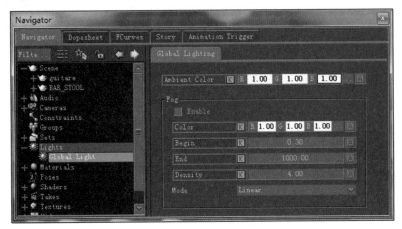

图 13.6　Global lighting 设置

在 Ambient Color 中,可以对 Ambient Color 和 Fog 进行设置,使用 Ambient Color 可以调节 Global Light 的颜色偏向,如图 13.7 所示。

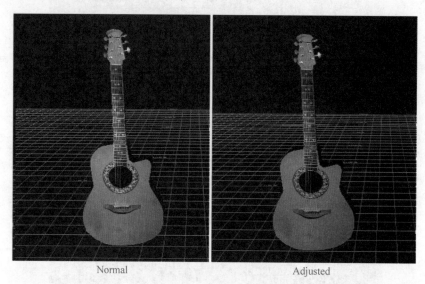

图 13.7　Ambient Color 调节

使用 Fog 可以在场景中添加雾,并且对雾进行设置,可以设置雾的浓度、颜色和模式等,Fog 效果如图 13.8 所示。

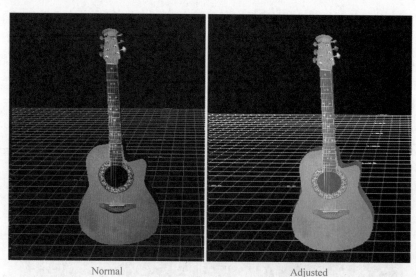

图 13.8　Fog 效果

13.1.3　添加和设置 Lights

在场景中添加 Lights,需要在 Asset Browser 中选择 Templates 中的 Elements,然后在右侧选择 Light,如图 13.9 所示。

视频讲解

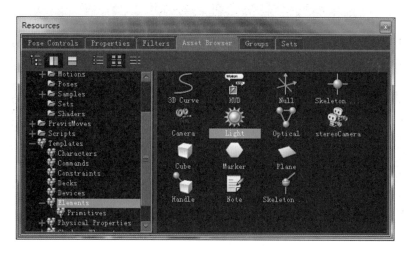

图 13.9 在 Asset Browser 中选择 Light

按住鼠标左键将 Light 图标拖动到 Viewer 窗口中,即可创建一个 Light。创建的 Custom Light 可以在场景中直接选择,也可以在 Navigator 窗口中选择,如图 13.10 所示。

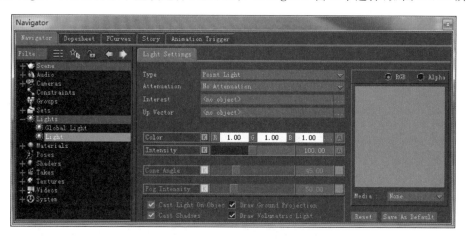

图 13.10 在 Navigator 窗口中选择 Light

此外,也可以在 Navigator 窗口中选择 Light,右击,在弹出的菜单中选择 Insert Light 来创建 Light。

如果需要删除一个 Light,可以在场景中选择该 Light,然后按 Delete 键删除,也可以在 Navigator 窗口中选择需要删除的 Light,然后右击,在弹出的菜单中选择 Delete 即可。

对于一个 Light,除了可以选择 Light 的类型之外,还可以对其进行设置。其中最主要的一个选项就是 Intensity(强度)。Intensity 的取值范围是 0～200,默认值为 100,Intensity 值越大,Light 越亮,光线越生硬;反之则越暗,光线也越柔和。当 Intensity 值为 0 时,Light 完全关闭。也可以通过添加关键帧来实现 Intensity 的动态变化。

Color 用来调整 Light 的颜色,其调节方法与 Global Light 一致。

Interest 用来调整 Light 的指向,在 Navigator 窗口中,选择需要指向的对象,按住 Alt 键将其拖动到 Light Setting 中的 Interest 上即可,如图 13.11 所示。

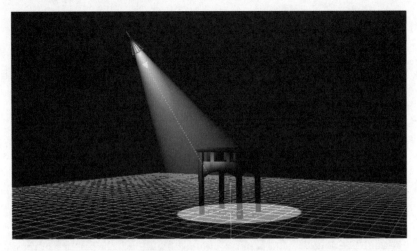

图 13.11　Interest 设置

Up Vector 用来调整 Light 的向量,其设置方法和 Interest 相似。Attenuation 用来调整 Light 的衰减方式。

13.2　Shaders

Shaders(着色器)与材质相似,用来控制三维模型的外观、展现细节。不过与材质不同, Shaders 可以为模型创造阴影和反射,而不是简单的贴图。

Shaders 控制着物体表面与光的交互方式,包括阴影和反射等。根据 Shaders 的设置不同,对象会实时产生不同的效果。事实上,Shaders 是一种表现光源和物体表面之间交互的算法。

MotionBuilder 提供了一些 Shaders 模板,用户也可以通过 Open Reality® SDK 来创建自定义的 Shaders。Asset Browser 中的 Shaders 如图 13.12 所示。

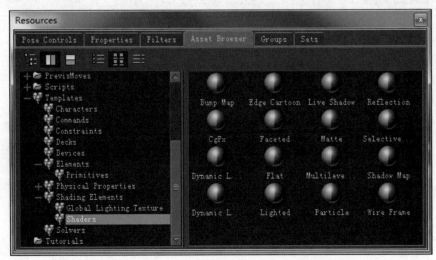

图 13.12　Asset Browser 中的 Shaders

13.2.1 Shaders 类型

MotionBuilder 提供了多种类型的 Shaders, 它们的功能各不相同, 包括 Cartoon Look、Reflection 和 Environmental 等。

1. Cartoon Look

通常动画模型会尽量接近真实, 而 Cartoon Look 让角色看起来更接近于漫画, 它让对象的颜色更加扁平, 虽然是三维模型, 但看起来更像二维动画, 如图 13.13 所示。

default   cartoon

图 13.13 Cartoon Look

2. Reflection

Reflections(反射)用于在特殊的物体上来创造比较强烈的反射效果, 如玻璃、镀铬物体、镜子等, 其效果如图 13.14 所示。

3. Environmental

Environmental 用于制作一些环境效果, 如云、雨、雾、火等, 如图 13.15 所示。

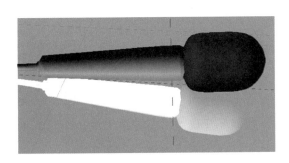

图 13.14 Reflection 效果

图 13.15 Environmental

4. Shadows and lighting

Shadows and lighting(阴影与照明)是为了创建更真实的场景。在场景中添加了 Lights 之后, 虽然产生了光源, 但它并不能带来阴影, 只有添加了 Shaders 之后才能产生, 如

图 13.16 所示。Shadows and lighting 包括通过阴影贴图和实时阴影来产生物体的阴影,通过选择性照明和动态照明着色器来创造更逼真的照明效果。

图 13.16　Shadows and lighting 效果

5. Surface effects

Surface effects(表面效果)用来定义模型表面的显示模式,例如 Faceted 和 Wire Frame 等模式,如图 13.17 所示。

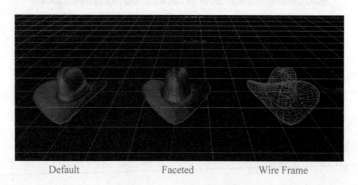

Default　　　　　　Faceted　　　　　　Wire Frame

图 13.17　Surface effects

13.2.2　为模型添加和设置 Shaders

在 Asset Browser 中打开 Shaders 目录,在右侧选择需要添加的 Shader 类型,按住鼠标左键将其拖动到 Viewer 窗口中相应的 Model 上,或者拖动到 Navigator 窗口中 Sence 目录下相应的对象上,松开鼠标并在弹出的菜单中选择添加的方式,如图 13.18 所示。

视频讲解

Replace All 选项使用添加的 Shader 取代全部已添加的 Shader,Replace by Type 选项使用添加的 Shader 来取代指定类型的 Shader,Append 选项将当前添加的 Shader 追加到对象上。在 Navigator 窗口中的 Sence 目录下展开添加了 Shader 的模型,可以查看为模型添加的 Shader 类型,在 Shaders 目录下则可以查看场景中所有的 Shader 类型,如图 13.19 所示。

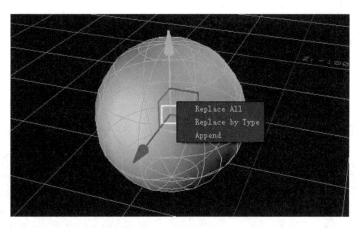

图 13.18　添加 Shader 到场景中

图 13.19　在 Navigator 窗口 Shaders 目录下查看 Shader 类型

　　为模型添加了 Shader 之后,在 Navigator 窗口中双击需要设置的 Shader 名称,可以进行相应的设置。设置的选项与 Shader 的类型有关,每一种 Shader 的设置都不同,像 Faceted 等效果甚至没有详细的设置。

13.3　Surfaces

　　Surfaces(表面)指的是一个模型的皮肤、服装,或者是一个物体的表面的材质,如金属、木质等。它决定了在不同的光源下物体对于光线的反射,让物体看起来更加真实。

　　Surfaces 主要包括 Materials、Textures 和 Shaders。通过改变这些属性,大多数情况下可以实时观察到 Surfaces 的效果。

13.3.1　Materials

　　Materials(材质)是创造一个模型 Surfaces 效果的最基本的方法,通过 Materials 可以改变模型的颜色、使用的材质以及其他效果。通过为 Materials 添加纹理和阴影，可以让模型更加真实，并且在不需要渲染的情况下，可以实时地查看呈现的效果。

在 Asset Browser 中，选择 Templates 中的 Shading Elements，在右边的区域就可以看到 Material 图标，如图 13.20 所示。

图 13.20　在 Asset Browser 中选择 Material

使用鼠标左键按住 Material 图标，将其拖动到 Viewer 窗口中的模型上即可为模型添加 Material，也可以将其拖动到 Navigator 窗口中 Scene 目录下相应的模型名称上。

完成以后可以在 Navigator 窗口中展开 Material 目录来查看添加的 Material，如图 13.21 所示。

图 13.21　在 Navigator 窗口中查看添加的 Material

在 Material Settings 中可以对添加的 Material 进行设置。其中 Emissive 用来调节放射性，Ambient 用来调节衰减，Diffuse 用来调节漫射，Specularity 用来调节反射，Shininess 用来调节发光。

13.3.2　Texture

在为一个模型添加了 Material 后，可以进一步通过 Texture(纹理)调节模型的外观细节。通常可以使用图片或者视频片段作为模型的外部纹理。

不同类型的 Texture 和 Shader 可以用来创造模型的外部纹理细节，但是它们并不是模型本身的一部分。

Texture 包括 Mapped texture、Projective texture 和 Procedural texture 等类型。

1. Mapped texture

Mapped texture(映射纹理)应用于图像文件(如 TGA 和 JPG 文件)或视频剪辑(如 AVI 文件)来为三维模型进行贴图。使用计算机的内存(RAM)来存储图像，因此渲染的速度非常快。

2. Projective texture

Projective texture(投影纹理)将图像像一张幻灯片一样投影到物体的表面上，可以使用它来创建阴影和光斑等效果。

3. Procedural texture

Procedural texture(程序纹理)是使用算法生成的纹理，因此不需要存储图形文件。与使用图像和视频文件的贴图纹理不同，描绘纹理所需的计算由计算机的处理器执行，因此不需要占用大量内存。

添加 Texture 的方法与添加 Material 相似，在 Asset Browser 中选择 Texture 或者 Layed Texture 并拖动到 Viewer 窗口中的对象上，或者拖动到 Navigator 窗口中 Sence 目录下相应的模型名称上，然后在弹出的菜单中选择 Attach Texture to Material→Diffuse 即可，如图 13.22 所示。

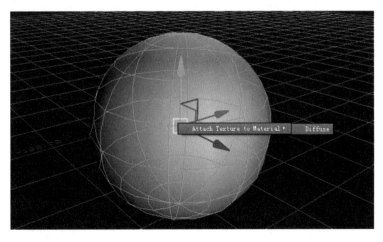

图 13.22　添加 Texture

添加了 Texture 之后,还需要在 Media 下拉列表框中选择贴图文件,如图 13.23 所示。

图 13.23　选择贴图文件

选择的贴图文件和添加了 Texture 的效果分别如图 13.24 和图 13.25 所示。

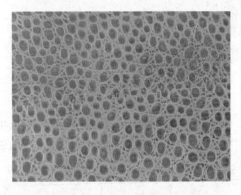

图 13.24　使用的贴图文件

图 13.25　贴图效果

在 Texture Settings 中可以对贴图进行设置,在 Texture Appearance 中可以设置贴图的混合模式、透明度等。在 Texture Mapping 中可以设置贴图的方向,以及素材的移动、旋转和缩放等。

思考与练习

1. 在 MotionBuilder 软件中,有哪些光源类型? 各有什么特点?
2. 在 MotionBuilder 软件中,如何添加和设置光源?
3. 在 MotionBuilder 软件中,有哪些 Shader 类型? 各有什么特点?
4. 在 MotionBuilder 软件中,如何为模型添加和设置 Shaders?
5. 在 MotionBuilder 软件中,如何为模型添加材质?

第 14 章

Chapter 14 [动画的导出和渲染]

在 MotionBuilder 中,可以在 Viewer 窗口中实时对场景中的模型和动画进行预览,但是如果需要将动画最终输出为视频或者图像序列,就需要进行渲染。由于 MotionBuilder 的主要功能是制作角色动画,因此可以在完成动画的制作后,将场景发送到 Maya 或者 3ds Max 等三维软件,并在这些软件中进行渲染。当然 MotionBuilder 本身也提供了渲染的功能。

14.1　MotionBuilder 渲染设置

视频讲解

MotionBuilder 的渲染功能相对比较简单,在 File 菜单中,选择 Render 即可进入 Render 对话框,如图 14.1 所示。

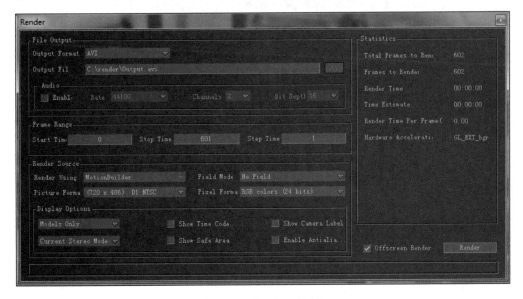

图 14.1　Render 对话框

在 File Output 区域,可以在 Output Format 中设置渲染的文件格式、输出的路径与文件名等。MotionBuilder 可以渲染的格式包括 AVI、MOV、JPG、TGA、TIF、TIFF、YUV 和 SWF(Flash)等,如图 14.2 所示。

各种格式的具体介绍如表 14.1 所示。

在 Output File 中选择渲染文件的路径和文件名称,单击 **···** 按钮打开 Save directory 对话框,如图 14.3 所示。

图 14.2　输出文件格式

表 14.1　MotionBuilder 渲染格式介绍

格　　式	介　　绍
AVI	AVI 格式,可以在渲染前进行压缩设置
MOV	MOV 格式,可以在渲染前进行压缩设置
JPG	渲染 JPG 图像序列,第一个文件名为< name > 0000. jpg（name 为用户指定的文件名）,接下来为< name > 0001. jpg、< name > 0002. jpg,以此类推

续表

格　式	介　绍
TGA	渲染 TGA 图像序列,第一个文件名为< name > 0000. tga（name 为用户指定的文件名）,接下来为< name > 0001. tga、< name > 0002. tga,以此类推
TIF or TIFF	渲染 TIF 图像序列,第一个文件名为< name > 0000. tif（name 为用户指定的文件名）,接下来为< name > 0001. tif、< name > 0002. tif,以此类推
YUV	渲染为 YUV 色彩制式,主要用于电视格式
SWF（Flash）	渲染为 SWF 视频格式

图 14.3　Save directory 对话框

在 Audio 区域,可以对输出的音频进行设置。选择 Enable 用来开启声音渲染;在 Rate 下拉列表框中可以选择音频的采样频率;在 Channel 下拉列表框中可以选择声道数,包括单声道和立体声,在 Bit Depth 下拉列表框中可以选择音频的量化位数,包括 8Bit 量化和 16Bit 量化。

Frame Range 区域用来设置渲染的时间范围,其中 Start Time 用来设置起始时刻,Stop Time 用来设置结束时刻。设置了 Frame Range 之后,只有在 Frame Range 之内的动画会被渲染。Step Fime 用来设置渲染的步长,通常会逐帧进行渲染,此时 Step Fime 为 1,而如果设置为 2,则每两帧渲染一帧,以此类推。

Render Source 区域可以用来设置渲染图像的分辨率等，MotionBuilder 支持从（720 x 486）D1 NTSC 到（1920 x 1080）HD，在 Picture Format 下拉列表框中进行选择，如图 14.4 所示。

图 14.4　选择渲染分辨率

此外可以直接选择 From Camera，然后通过改变当前摄像机的设置来选择渲染图像的分辨率，如图 14.5 所示。

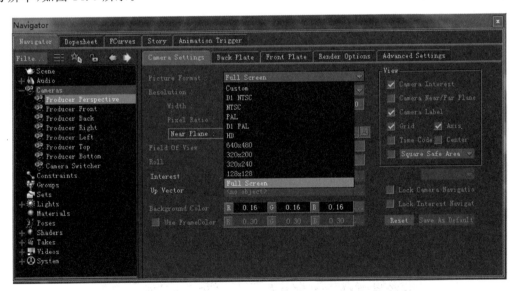

图 14.5　设置摄像机分辨率

Field Mode(场模式)只有在选择了 SWF 格式时才可用，Pixel Format(像素格式)用来设置色彩深度，可以选择 RGB colors(24bits)和 True RGBA colors(32bits)。

Display Options(显示选项)区域用来设置渲染时需要显示的对象类型，这与 Viewer 窗口中的对象显示模式类似，包括 Normal、X-Ray 和 Model Only，此外还可以选择 Current Viewing Mode，使用与 Viewer 窗口相同的设置，如图 14.6 所示。

Stereo Display Options (立体显示选项)用于选择立体显示模式，通过该模式渲染之后的影片，可以通过带有立体显示功能的显示器材，结合立体眼镜来实现立体影片，各选项功能如表 14.2 所示。

图 14.6　Display Options

表 14. 2　Stereo Display Options

选　　项	描　　述
Center Eye	通过中心立体摄影机观看
Left Eye	通过左侧立体摄影机观看
Right Eye	通过右侧立体摄影机观看
Active	使用显卡进行立体显示。如果使用 NVIDIA Quadro 系列显卡,且已启用立体模式,则"活动"(Active)菜单将变为激活状态。CRT 监视器使用立体成像的页面翻转方法
Horizontal Interlace	水平交替使用左右侧摄影机隔行扫描的方式
Checkerboard	棋盘格模式使用棋盘式模式来排列左右侧摄影机的像素,可以用于 Samsung DLP 3D displays
Anaglyph	立体图模式使用红青 3D 模式
Luminance Anaglyph	亮度立体图模式首先将左右侧摄影机的颜色转化为灰度信息,然后再融合到一起
Freeview Parallel	选择该模式可以看到左右侧摄影机的输出在同一窗口并列出现
Freeview Crossed	此模式类似于 Freeview (Parallel),但左侧摄影机输出显示在右侧,而右侧摄影机输出显示在左侧
Current Stereo Mode	选择该模式将激活 Viewer 窗口中 Display 菜单中的 Stereo Display

勾选 Show Time Code 可以显示时间码,勾选 Show Safe Area 可以显示安全区域,勾选 Show Camera Label 可以显示摄像机标记(在画面左下角使用白色文字),勾选 Enable Antialiasing 可以通过添加轻微的模糊来抵抗锯齿。

Statistics 区域用于显示渲染情况的统计,包括渲染帧数、渲染所需时间、平均每帧花费时间的以及硬件加速等情况。勾选 Offscreen Render 可以进行后台渲染,如果取消勾选 Offscreen Render 则会在渲染的过程中显示 Render Preview(渲染预览),如图 14. 7 所示。最后,单击 Render 按钮进行渲染。

图 14.7　Render Preview

14.2　视频压缩选项

进入渲染的最后一步，是设置渲染的视频的压缩选项，不同格式的文件也有着不同的选项。

14.2.1　AVI 格式

如果选择了 AVI 格式，在渲染时，可以选择 Microsoft RLE、Microsoft Video 1、Intel IYUV 编码解码器和全帧（非压缩的）等格式，如图 14.8 所示。

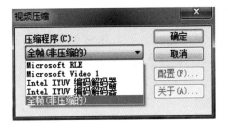

图 14.8　AVI 格式对应的视频压缩选项

其中全帧（非压缩的）是使用完全不压缩的格式，以最大的文件大小，得到最高的视频质量，而其他几种编码器分别使用不同的方式对视频文件进行压缩，降低视频占用的空间，同时也牺牲了视频的质量。

14.2.2　MOV 格式

MOV 是 Apple 公司专用的视频格式，要使用 MOV 格式，首先需要安装 Quick Time，MOV 格式的 Compression Settings 对话框如图 14.9 所示。

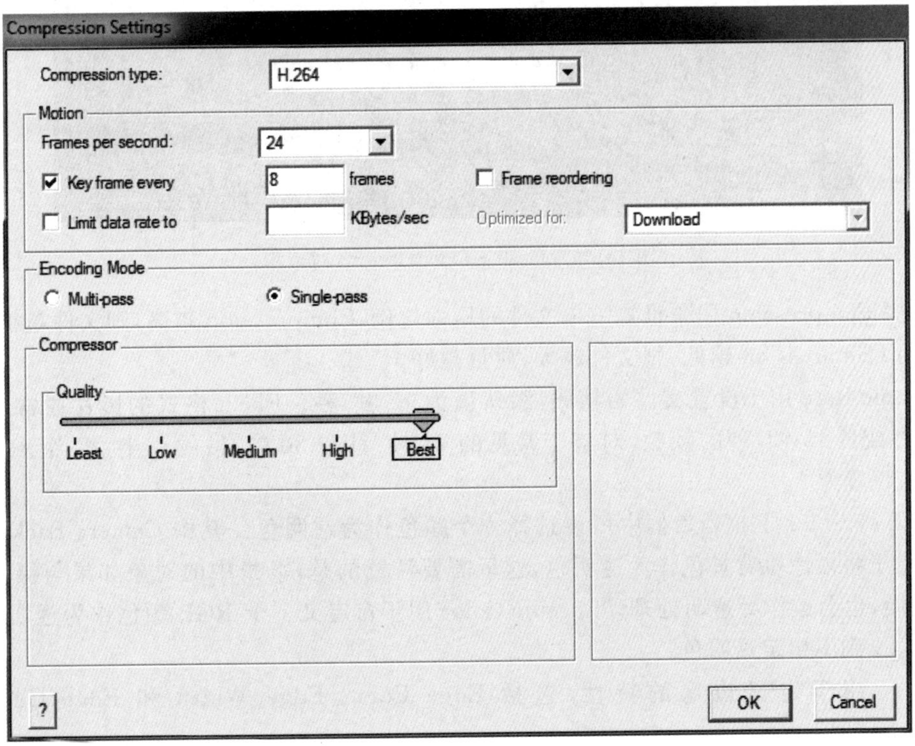

图 14.9　Compression Settings 对话框

首先需要选择 Compression type(压缩格式),MOV 格式所提供的压缩格式如图 14.10 所示。

不同的压缩格式对应着不同视频分辨率的压缩效果。在 Motion 区域,需要设置 Frame Per Second(每秒帧数)以及对帧的优化和压缩选项。

在 Encoding Mode(编码选项)区域可以选择 Multi-Pass(多线程)和 Single-Pass(单线程)。

在 Compressor(压缩)区域可以设置压缩的质量从最低(Least)到最高(Best)。

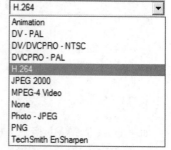

图 14.10 MOV 压缩格式

14.2.3 SWF(Flash)格式

选择渲染 SWF 格式时,会弹出 Flash Render Options 对话框,如图 14.11 所示。

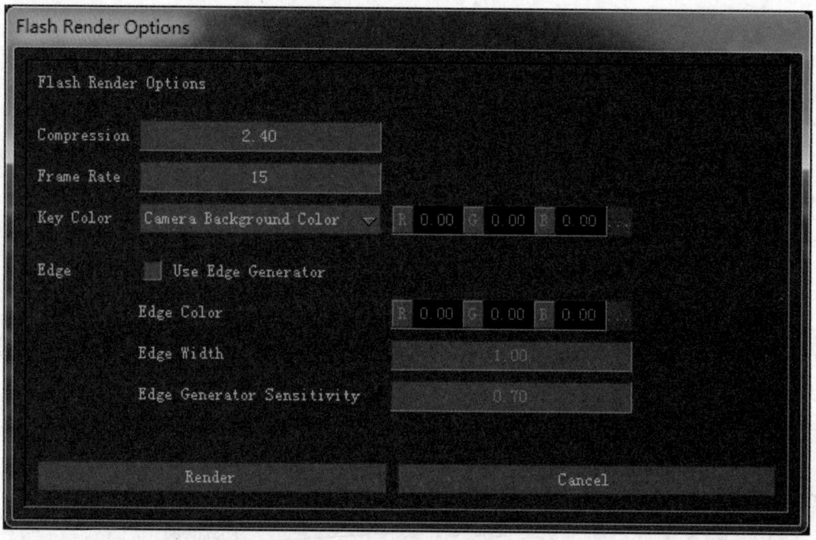

图 14.11 Flash Render Options 对话框

其中 Compression 用来设置渲染文件的压缩比例,Compression 越高,则文件越小,质量越低,而 Compression 越低,则文件越大,质量越好。

Frame Rate 用于设置文件的帧频,默认值为 15 帧/秒。Flash 格式的影片通常会使用 12 帧/秒或者 15 帧/秒的帧频,对应于常见的 24 帧/秒和 30 帧/秒的一半,相当于将 Step Time 值设置为 2。

在 Key Color 下拉列表框中可以选择一个颜色作为透明色。其中 Camera Background Color 用于将摄像机背景色作为透明色,这里需要注意的是,场景中的对象如果与摄像机背景色相同,也会被作为透明处理。Specific Color 用于自定义一个 RGB 颜色作为透明色,No Color Key 则不指定透明色。

Edge 用于定义边缘的特性,包括 Edge Color、Edge Width 和 Edge Generator Sensitivity。

思考与练习

1. 在 MotionBuilder 软件中，如何对场景进行渲染输出？
2. 在 MotionBuilder 软件中，可以输出的视频类型有哪些？

参 考 文 献

[1] 王士华,于涛.IDMT Motion Capture 动作捕捉高级教程[M].北京:北京希望电子出版社,2002.

[2] 王明政.动画动态制作——动作捕捉技术基础[M].北京:清华大学出版社,2013.

[3] 从《全面回忆》到《猩球黎明》——动作捕捉进化史[OL].时光网,http://news.mtime.com/2014/08/22/1530577-2.html.

[4] 陈小满.基于动作捕捉数据的骨骼蒙皮动画设计与实现[D].泉州:华侨大学,2014.

[5] 曲毅.动作捕捉技术在影视动画制作中的应用研究[J].信息技术,2006(11):124-126.

[6] 向泽锐.动作捕捉技术及其应用研究综述[J].计算机应用研究,2013,30(8):2241-2245.

[7] 金刚,李德华,周学泳.表演动画中的动作捕捉技术[J].中国图象图形学报,2000,5(3):264-267.

[8] 廖小兵.表情动画在动作捕捉系统中的实现[J].出版与印刷,2009(2):39-41.

[9] 包艳霞,沈洋,刘江.MotionBuilder 动画制作软件应用研究[J].数字技术与应用,2015(1):105-105.

[10] 吴晓雨.基于动作捕捉技术的民族舞蹈三维数字化方法研究[J].计算机与现代化,2013(1):112-114.

[11] 李瑾,张晓明.Maya 三维角色动画研究[J].北京印刷学院学报.2012,20(3):82-83.

图书资源支持

感谢您一直以来对清华版图书的支持和爱护。为了配合本书的使用，本书提供配套的资源，有需求的读者请扫描下方的"书圈"微信公众号二维码，在图书专区下载，也可以拨打电话或发送电子邮件咨询。

如果您在使用本书的过程中遇到了什么问题，或者有相关图书出版计划，也请您发邮件告诉我们，以便我们更好地为您服务。

我们的联系方式：

地　　址：北京市海淀区双清路学研大厦 A 座 701

邮　　编：100084

电　　话：010－62770175－4608

资源下载：http://www.tup.com.cn

客服邮箱：tupjsj@vip.163.com

QQ：2301891038（请写明您的单位和姓名）

用微信扫一扫右边的二维码，即可关注清华大学出版社公众号"书圈"。

资源下载、样书申请

书圈

扫一扫，获取最新目录